这就是黄金

一本关于黄金的
简明百科全书

王亚宏

著

All about Gold

A Concise Encyclopedia
about the Precious Metal

新华出版社

图书在版编目（CIP）数据

这就是黄金：一本关于黄金的简明百科全书 / 王亚宏著 .
北京：新华出版社 , 2024. 11.
ISBN 978-7-5166-7629-5

Ⅰ . TG146.3-49

中国国家版本馆 CIP 数据核字第 2024DR1610 号

这就是黄金：一本关于黄金的简明百科全书
作者：王亚宏
出版发行：新华出版社有限责任公司
　　　　　（北京市石景山区京原路 8 号　邮编：100040）
印刷：北京地大彩印有限公司

成品尺寸：170mm×240mm　1/16　　　印张：16.5　字数：300 千字
版次：2025 年 1 月第 1 版　　　　　　印次：2025 年 1 月第 1 次印刷
书号：ISBN 978-7-5166-7629-5　　　　定价：89.00 元

微店

视频号小店

抖店

京东旗舰店

请加我的企业微信
扫码添加专属客服

微信公众号

喜马拉雅

小红书

淘宝旗舰店

前　言

2024 年 10 月 18 日，作为全球黄金基准价的伦敦黄金市场定盘价创下历史新高：每盎司突破 2700 美元。

"金价再创历史新高"已经逐渐成了被用了太多遍的一个烂梗，以至于难以形成有激情的标题。不仅 2011 年创下的每盎司 1900 多美元的纪录早被远远抛到后面，从 2023 年年底开始金价还玩起"日日新"的游戏：从每盎司不足 2000 美元起步，在 2024 年的前 10 个月里就将近 40 次刷新高位[1]，这意味着平均不到两周，就会见到一次新的价格。

虽然我们日常见到的大部分物品都容易引起审美疲劳，但更高的金价却是不少投资者喜闻乐见的，而且黄金在过去至少 5000 多年里并没有让人感到厌倦。

人们都喜欢黄金，但绝大多数人都不用真刀真枪地进行杠杆交易，大家对黄金的了解和认识也不用过度集中在价格这个不断变化的数字上。从供应到需求，从采掘到精炼，立体化的黄金其实有更多的精彩。而展现出这些精彩也能在一定程度上让这本书更加切题——当这本书的副标题在编辑的建议下添上"百科全书"[2]四个字后，虽有"简明"这个前缀，起初仍然不由得有些惶恐。

对读书和写书的人来说，"百科全书"这个词有着特殊的意义。此类作品往往烛照着人类对规则的向往，成为对抗迷信、成见和愚昧无知的投枪。

严格地说，本书无论是体量还是内容，距离"百科全书"还有相当距离，区区几百页扛不起黄金5000多年的包罗万象。自知难免挂一漏万，索性不求面面俱到，只求在一些自以为关键的条线上讲清说透，让黄金这种古老的资产能更加深入人心。

经过故老相传的说教，黄金的一些特质早已经被标签化，包括但不限于：

——黄金具有货币属性和商品属性

——黄金天然是货币

——黄金是不生息的资产

——黄金具有抗通胀和对冲风险的功能

……

类似的刻板印象几乎能让每个人都能对黄金说上一二，但也阻碍了黄金其他的特点为人所知。就像黄金耀眼的光芒太盛，以至于让人忽略了黄金其实更像一枚棱镜，还能散射出其他颜色。

这本书在成为"百科"前，希望先成为一枚"黄金棱镜"在写作中尽量避开黄金领域的老生常谈，努力呈现黄金更多的特质。

比如除了金色外，黄金可以是红色的。因为围绕黄金的争夺，从中美洲的印加人到加利福尼亚的印第安人，"黄金国"里一度流血漂橹；黄金可以是绿色的，因为在可持续发展的议程中，黄金一直在努力减少碳足迹；黄金可以是蓝色的，在探索蔚蓝的海洋和墨蓝的深空中，黄金扮演着不可或缺的作用；黄金可以是橙色的，古老的矿产行业不断找到新的增长点，力争拥有靓丽的未来；黄金可以是灰色的，贵金属管理是反洗钱制度中的重要一环，其本身也面临匿名化电子货币的挑战……

从不同角度看，黄金呈现出不同的色彩。

不同的色彩，需要时间来展现。这本书的内容最初落笔于 2009 年，陆陆续续写了十多年，系统整理于 2022 年，收笔于 2024 年。不断增删的本意是让内容更具有时代性，但大致写完后才发现，相对于想涵盖的 5000 多年使用黄金的历史，多说或少说个一年半载其实对主题并没什么影响。

但是人们对黄金的热情却在短短几年里发生了显著变化。2018 年，黄金还处于价格修复中，只是一种乏善可陈的冷资产，连新鲜出炉的黄金 ETF 都激不起投资者太多的热情。可之后随着国潮风、攒金豆等行为兴起，黄金逐渐进入大众视野。随着 2023 年后金价屡次创下历史新高，2013 年"中国大妈"大动员的一幕再次出现。

在最近几年里关于黄金的消息频频破圈。诸如"央行持续购买黄金，我们要不要跟上""目前黄金还值得入手吗""要不要长久地每年买一点金条放在家里存着"之类的话题，在社交媒体上频频出现。这反映出对黄金的兴趣已经不再局限于少数群体中，越来越多人对这种古老的金属产生了兴趣。

黄金是全球公认的财富，黄金话题的破圈跨界也火遍全球。谷歌数据显示，2024 年初"如何购买黄金"一词的搜索量达到 20 年来的最高纪录。在全球对黄金的搜索创下历史新高的同时，在中国的搜索引擎上，黄金的热度同样出现阶段性高点。这一热度高点是现实的投射，显示出中国消费者和投资者对黄金的需求旺盛。

和黄金有关的话题中，人们最经常搜索的是"黄金价格""黄金走势"等实用性和时效性强的话题。在商品圈子里金、银、铂、钯这"贵金属四兄弟"里，铂金的搜索也随着这股潮流有所增加。与之形成对比的是，消费者和投资者对白银的兴趣没那么浓厚。

消费者和投资者对黄金的兴趣也显示出地理差异，呈现出东部比西部强，南方比北方多的特点。广东是全国对黄金搜索频次最高的省份，毕竟全国黄金珠宝加工中心就在深圳。紧随其后的是浙江、江苏、山东和北京，这些省市都是经济规模和人均收入在全国领先的地区。黄金交易所的所在地上海，对黄金的感兴趣程度排名全国第六。

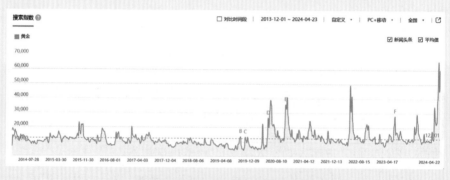

图 1　黄金搜索热度变化（数据来源：百度指数[3]）

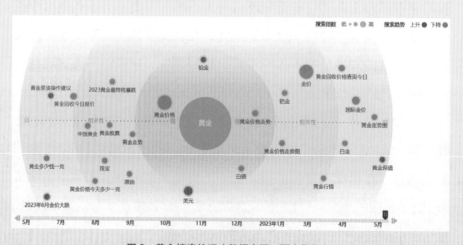

图 2　黄金搜索热词（数据来源：百度指数）

近年来，黄金一直在努力摆脱老旧古板的形象，希望让年轻人爱上黄金，这种努力看上去取得了成效。在用电脑和手机搜索黄金话题的人群中，占比最高的人群年龄分布是 30 到 39 岁年富力强的群体，达 40% 以上；20 到 29 岁的人群则位居第二。这组用户画像体现出黄金的影响力正明显向年轻群体渗透，但像"中国大妈"这类购买黄金"隐形王者"，她们的关注不会体现在搜索热度中。

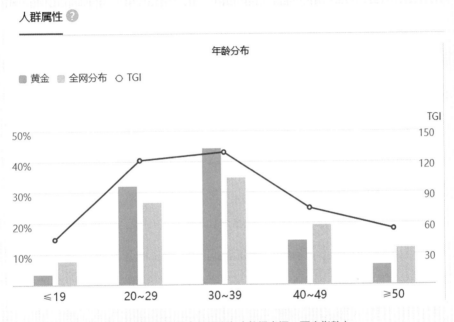

图3　黄金搜索用户年龄分布（数据来源：百度指数）

出生于 1980 年至 1995 年间的"千禧一代"，和出生于 1995 年到 2009 年间的"Z 世代"，时常被爆出有深深的代沟。可在对黄金的态度上，不同年龄段的人往往能达成一致。在黄金创下超过 2600 美元高位前夕，由美国银行私人银行部门发布的一项研究显示，在 43 岁以下的富裕投资者中，45% 的人拥有黄金实物资产，另有 45% 的人有兴趣持有黄金。

　　在搜索引擎上搜索黄金词条的人，理论上都是这本书的潜在读者。

屡屡创下历史新高的金价吸引了更多人的目光，也让一些人感到高处不胜寒的恐慌。考虑到 2018 年金价也还曾下探到不足 1200 美元，2022 年也才 1600 多美元，到 2024 年，金价迅猛的涨幅让这种典型的避险资产越来越接近高风险资产。

在宇宙中吞噬万物的不仅有黑洞，投资市场也有这个能力。好在黄金的逃逸能力还算不错，即使遇到大的波动也不至于血本无归。如果还能再加上些耐心的话，那么回暖的可能性也不小——2013 年进入黄金市场的"中国大妈"们，花了将近六年时间才解套，到 2024 年中又享受了近六年的红利期。

红利根植于黄金的属性。物以稀为贵，黄金之所以被当作贵金属之首，正是由于其总量有限，比起铜、铝、锌、铅有色金属和铁为代表的黑色金属，黄金的储量要少得多。因此要想了解黄金，供给是最好的切入口。

在生产力并不发达的时代，有限的黄金生产和无尽的财富欲望矛盾突出。为了解决这个矛盾，现在人们依靠勘探和开发中的技术革新，而早期人们却求助于炼金术这种玄学。炼金术虽然没能从炼丹炉和坩埚中生产出一克黄金，但却带来了比黄金更宝贵的现代化学。

炼金术的生产瓶颈，靠 19 世纪的淘金潮才得以部分解决。乘上两次工业革命快车的淘金潮是黄金大生产的开端，也让黄金产量在多点开花的加持下，在短短一个世纪中就超过了之前 5000 年的总和。直到现在，一些黄金矿山仍是当年淘金潮留下的馈赠。这些产出黄金的矿山分布在不同国家，运营上由不同的公司负责，生产上则仍然依靠矿工——只不过有的矿工在一尘不染的自动化控制室里工作，有的仍在从事危险的手工作业。

除矿山生产外，黄金供应的另外一个来源是回收。现在市场上每四克黄金中，有三克来自矿山金，一克则是回收金。回收金是黄金市场的内循环，其能耗和碳足迹都更低，但目前仍存在种种障碍，阻碍回收金市场的流转。

全球有一半的黄金被制作成了金饰品，手镯、耳环和项链是人们日常最容易接触的黄金。通过一张"全球金饰地图"，能了解到世界不同地区的人对黄金饰品的偏好异同。黄金另一个重要需求是投资。金币、金条和黄金ETF组成了投资图谱，从国家的黄金外汇储备到个人手里的"小黄鱼"，这部分黄金始终发挥着价值储备和最终支付手段的功能。除此之外，黄金还有重要的工业用途，在医学、航天等众多领域扮演生产资料的角色。

连接黄金供需两端的是交易。在自由市场经济的环境下，人们对买卖黄金习以为常，但交易环境并非一直如此。人们在几十年前还经历过不能持有并买卖黄金的历史。而当黄金放开交易后，价格成为市场的指挥棒。黄金价格形成机制是历史形成的，和金融霸权的演变有关，在呼吁定价透明化、公开化的今天，人工智能或许能在这一过程中发挥开拓性作用。

不论以什么价格购买黄金，只要是实物金就面临储存问题。金融机构财大气粗可以直接修建金库，而个人把黄金放置在哪里则是个需要深入思考的问题，因为需要在安全性和储存成本之间寻找平衡点。被妥善放置的黄金也并不会一直在仓库里落灰，良好的流动性是这种资产的吸引力所在。千百年来，黄金像候鸟一样随着财富转移，有着不同的流向。近年来，黄金的流动又被增加了新的含义，在ESG规则大行其道下，本来背负着"血与火"的黄金，在全产业链上被附加了新的道德因素。

黄金价值久经时间考验，黄金投资者依旧年轻。黄金受到年轻人，也包括中年人的热捧，黄金产品也迎合需求越来越多地出现在各种场合：不但有传统的银行、金店，还有自动售货机，在一些国家甚至超市里也在售卖。大家都中意这种让人放心的资产，因为和股票、基金等不同，黄金是有形的，看得见摸得着。如果世界金融体系失控，或者货币崩溃，至少投资者手中还会留有一些实实在在的东西。

黄金是避险资产，但不等于买入黄金没有风险。价格波动自不必说，在买卖中还有一些技术性问题，比如在众多光鲜的门面中筛选出一家信誉良好的靠谱经销商、保证安全交付、想要卖出时寻找低成本的回购渠道……阐述清楚这些现实的问题，将使这本书向"百科全书"的目标迈进小小的一步，也会让黄金投资者在选择上大大拓展空间。

目 录

CONTENTS

第一章

改变市场情绪的 500 天
和黄金的 5000 年

当描述黄金时，使用的时间尺度和人们平时用的颇有些不同。

黄金是星空的馈赠。大约在 46 亿年前地球形成之初，大量来自天外的陨石撞击地球，这些陨石中含有丰富的金元素。在之后的亿万年中，随着地球的冷却和地壳的形成，这些金元素逐渐沉积到地壳深处，静待花开。

黄金是财富的象征。在 5000 多年前的古埃及和古拉比伦，贵族们就开始使用各式黄金饰品。在他们眼中，黄金是太阳的眼泪，是可以连接天地与凡人的带有神性的金属。人们开始积累黄金，沉迷于这种金属展现出的财富之神的眷顾。

黄金是货币的符号。公元前 600 多年，小亚细亚西部的吕底亚王国铸造出了人类历史上的第一批纯金铸币，从那后"金银天然是货币"的观念逐渐被广为接受。在金本位制度下黄金就等同于钱，黄金也成了衡量天下的等价物。

黄金是投资产品。近几十年来，商场和金店里琳琅满目的金币、金条和金饰，银行里各类和黄金有关的产品，让投资者有充分的选择空间。黄金抗通胀和避风险的属性，吸引越来越多人接触到它。人们和过去五千多年中的祖辈一样，想从这种古老的金属中获取一份保障。

一、500 天：金价为什么疯涨

市场总会以猝不及防的方式，融化投资者挂满寒霜的心。

2023 年的国庆黄金周，黄金投资者过得有些提心吊胆。由于假期原因国内金融市场暂停交易，但国际市场却有"每逢长假必有妖"的传统。这次也不例外，伦敦市场金价又在连续下跌。在整个假期中，和黄金有关的唯一好消息或许只有当时杭州亚运会赛场上，中国代表团在金牌榜上一骑绝尘了 [4]。

到 10 月 4 日，那些在短短 5 个月前买入黄金的投资者，已经要承受大约 10% 的亏损。鉴于股市和楼市都在下跌，连一贯稳妥的黄金也加入了这个行列，让投资者倍感扎心。

黄金投资者大多有一个悲观的内核。买入黄金的理由很多情况下源于担忧：对抗通胀、防备风险、对冲衰退……从这个角度看，黄金投资者眼中金色的光芒，和印象派画家凡·高笔下"忧郁的黄"是相通的。而在 10 月初的短短几天里，黄金的颜色又让投机者的心头增添了几分忧郁。

好在黄金投资者又是乐观的，他们坚信有一个可以应对的未来。10% 的浮亏吓不走黄金投资者，大家对以往市场惨淡的记忆是宏观且模糊的——人们大多只能想起 1929 年的"大萧条"和 2008 年的华尔街金融风暴，但就黄金来说，连 2013 年那轮断崖式价格下跌 [5] 也没多少人会记得。毕竟当时以英勇之姿杀入黄金市场的"中国大妈"在被套牢几年后，走出市场时已经露出了胜利者的笑容。

黄金投资者对现实的市场情绪是敏感的，很容易被激昂的情绪裹挟，投入到市场洪流中；也容易被悲观情绪感染，对之前的选择产生怀疑动摇。但只要在 2023 年 10 月初那个黄金周里战胜彷徨，坚持下来的黄金投资者，都获得了丰厚的回报。

就在黄金周的尾声，地缘政治的"黑天鹅"出现，金价随之被拉升。巴勒斯坦伊斯兰抵抗运动（哈马斯）宣布对以色列采取代号"阿克萨洪水"的军事行动，并表示已向以色列境内发射了至少 5000 枚火箭弹。以色列随即宣布进入战争状态，对加沙地带哈马斯目标发起代号"铁剑"的军事行动。那是自 1973 年赎罪日战争以后，时隔 50 年以色列再度向哈马斯宣战……

很快，10 月底黄金再次逼近每盎司 2000 美元关口，之后再接连突破各个整数关口。

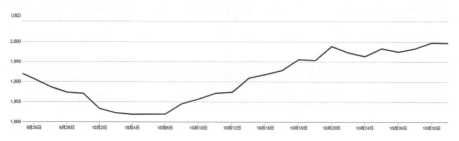

图 4　2023 年 9 月底到 10 月底的金价走势（数据来源：WGC）

这轮黄金亢奋可以从 2023 年 10 月 4 日算起，当时的金价是每盎司 1818.9 美元[6]。截至 2024 年 5 月 21 日，金价在 2427.30 美元创下阶段性历史高点，在这 584 天中金价上涨了 782.7 美元，涨幅 47.6%。

这 584 天改变了市场情绪，让黄金从无人问津的不生息资产，再次变成了大家关注的香饽饽。从金饰到金条，从金豆到 ETF，各类的黄金产品成群结队出现在社交媒体的推送中，推高了市场的气氛。就连美联储迟迟没有降息都没让市场感受到回调压力。当金价仍维持在每盎司高位时，意味着这轮金价行情依旧没有结束，还有源源不断的资金进入黄金市场，多头仓单数量大于空头仓单——果然，在接下来的几个月中，黄金又接连突破 2500 美元和 2600 美元的整数关口。这也意味着从 2019 年 5 月开始，金价在五年中翻了一番。

回调之前的黄金市场处于一场激情燃烧的亢奋中。金价上涨被认为是买入的发令枪，即使下跌也被当作是"倒车接人"的良机。经济学家约翰·凯恩斯曾将黄金看作是带有原始拜物教性质的野蛮遗迹[7]，在狂热的市场氛围里，拜物教的比喻确实有了更多的根据。

借着金价不断摸高，黄金行情被渲染的像是百年一遇的造富机会。事实上就像投资者会出于自我保护忘记价格下跌，对错过的上涨行情也同样记不大清。类似 2023 年开启的金价上涨行情，别说百年，就是 21 世纪的 20 多年来就已经出现了 5 回——平均不到 5 年就会出现一波"改变黄金市场情绪的 500 天"。

距离现在最近的一次上涨其实就发生在 2018 年年底到 2020 年年中。2018 年 11 月 26 日的金价是每盎司 1226.2 美元（大约是 2024 年 5 月的一半）从那时开始算起到 2020 年 8 月 3 日的 616 天中，金价一路涨到每盎司 1958.6 美元，累计上涨了 732.4 美元，涨幅达 59.7%。这波上涨时间略超 500 天，涨幅也相对更大。

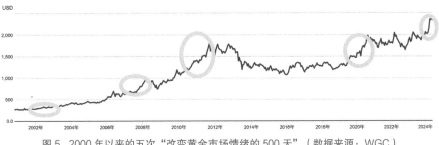

图 5　2000 年以来的五次"改变黄金市场情绪的 500 天"（数据来源：WGC）

事实上，金价涨幅最大的一轮行情发生在 2010 年到 2011 年。从 2010 年 3 月 29 日金价每盎司 1107.0 美元算起，到 2011 年 9 月 5 日金价涨至 1855.0 美元。在 525 天里上升了 748 美元，涨幅 67.6%。

21 世纪前十年出现了黄金"超级牛市"。这场牛市由三次大涨组成。2011 年的一轮已处于牛市尾声，在那之前还出现了 2005 年 1 月 3 日到 2006 年 5 月 8 日，以及 2002 年 7 月 9 日到 2004 年 1 月 5 日两次行情，金价分别在 491 天和 545 天里涨幅 62.9% 和 39.2%。

把这一波波行情加起来，意味着 21 世纪以来黄金已经经历了 5 波行情。理论上说这种平均 5 年来一次的涨势会让人们觉得习以为常。考虑到投资者通常关注分时曲线，看日线都算得上颇有耐心。改善市场情绪需要 500 天，这已经是十足的长时段，因此，等待 5 年一次的周期确实对投资者有点要求过高。但只要有耐心，或买入黄金后因为遗忘并一直持有的投资者都获得了回馈。

如果能坚持持有或者买入，便会发现黄金不但能改善投资情绪，也能优化投资回报。21世纪以来，一提到投资回报，让大多数人跺足捶胸感叹错过机会的大多集中在两个领域，一是中国的房地产，二是美国的股市。那么低调且悲观的黄金和这两种顶级资产相比会如何呢？

有学者算过一笔账，如果2004年5月花200万元人民币在一线城市的江边热点区域买下一套房，那笔钱在当时能买19.4公斤黄金。到2024年5月，那套房子的价格和黄金几乎依旧等值，都是略超1000万。

2024年前三季度金价不断创下历史新高，全国70城房价指数则持续回调[8]，这个时机将黄金和房子作对比显得有些"不讲武德"，但20年的时间本身已经抚平短期波动干扰。从统计学的角度来看，20年足以被称作是一代人，而在这个时间跨度中金价和房价不相上下。

当然，严谨地计算，对于房屋这种有使用价值的商品来说，在计算长期价值时，还应考虑过去20年的房租收入，而黄金本身是不生息资产。当以黄金计价的房价能在20年内持平时，黄金投资者其实在直接资产收入方面要略负几分。考虑到在过去一代人的时间里，房地产市场经历了迅猛的发展，当黄金能被拿来与房产在一个平台上做对比时，纵然小负也已经算得上荣耀了。

中国的房地产狂飙猛进的涨势已告一段落，美国股市看上去还处于高位。黄金和美股相比情况如何呢？如果也以一代人的周期衡量，2004年以同样的价钱买入美股，以及作为可比较的美债、美元、原油、白银等资产，在20年后的当今，会发现美股的年复合收益率最高，领先黄金不到一个百分点。黄金则跑赢了同为大宗商品的白银和原油，固收美债以及外汇美元。

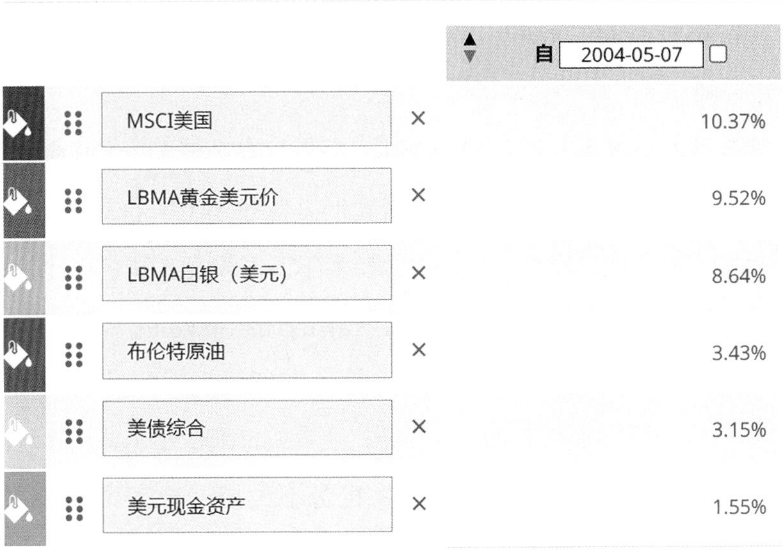

			自 2004-05-07
	MSCI美国	×	10.37%
	LBMA黄金美元价	×	9.52%
	LBMA白银（美元）	×	8.64%
	布伦特原油	×	3.43%
	美债综合	×	3.15%
	美元现金资产	×	1.55%

图 6　六种主要资产 20 年时段收益比较（数据来源：彭博）

鉴于过去 20 年里在全球主要股市中美股是表现最好的，黄金没跑赢美股并不寒碜。毕竟黄金收益率仍高于除美股之外的发达市场股市指数以及新兴市场股市指数。对于选择"忧郁的黄"的投资者来说，能有这样的收益成绩，足以为不确定性提供一份保障，更足以增加耐心等待改变黄金市场情绪的 500 天到来。

之所以能迎来这样 500 天的上涨周期，是多种因素共同作用的结果，包括俄乌冲突和中东地缘政治紧张带来的不确定性、持续的高通胀风险、全球央行不断建立黄金储备，以及黄金消费需求的反弹推动金价的涨势……

之后的章节将对黄金涨跌的这些原因逐一做出详尽的分析。这些原因使得黄金作为一种周期性大宗商品，辉煌的 500 天可能迟到，但不会缺席。

二、5000 年：一直在寻找的黄金国在哪里

高高在上的金价，让投资者心态发生转化，从患得开始变得患失。其实这短短 500 多天时间，放在人们使用黄金 5000 多年的历史里只是短短一瞬。

黄金是人类最早开始使用的金属之一，早在公元前 3000 多年时，黄金就以亮光闪闪的卓越物理特性得到世界各地先民们的青睐。

考古证据发现，早在公元前 3000 多年，古埃及人和古巴比伦人就开始先后使用黄金作饰品。尚未完全厘清的瓦尔纳黄金 [9]，甚至有可能将这个时间线进一步前推。在我国，迄今发现最早的黄金制品是出土于甘肃省玉门市火烧沟遗址的金耳环，距今约 4000 年 [10]。从耳环的形状设计看，就是戴在现代人的耳朵上也毫不违和——这就是黄金的魅力所在：耐磨损、抗氧化、难腐蚀，足以让其打破时光的尘封，将属于远古的一抹灿烂呈现在今人面前。

然而和现在走进金店，就能看到琳琅满目的黄金制品不同，黄金在四五千年前是真正的顶级奢侈品。为了获得这种带有神性的珍贵金属，先民们筚路蓝缕、以启山林，在湖泽莽野中苦苦探求。

由于黄金几乎坚不可摧，又会浴火重生，因此数千年来几乎所有已开采出的黄金仍以某种形式存在于世界上。如果将现存的地上黄金全部堆放在一起，可塑造成一个边长 22 米的纯金立方体。

这个大金方块如果铺开，能填满四个半奥运标准泳池 [11]。纵然运动员没法像唐老鸭的叔叔麦克老鸭那样在黄金池里游泳，但这样更具体化的黄金体积还是能让更多人直观想象出世界上黄金的数量。

在这个大金块里，最大的构成部分是黄金饰品。从埃及图坦卡蒙法老的面具，到印加帝国皇帝阿塔瓦尔帕的权杖，从 1400 年前隋朝公主李静训华丽的项链，到金店柜台里在射灯下熠熠生辉的手镯，都能

归到这个大类中。无论是穿金戴银的审美需求，还是藏在床垫下的价值储存，金饰已经渗透到生活的方方面面。如果把全世界的金饰都集中在一起，那么足够塞满两个奥运泳池。

有人会买戒指、项链、耳环戴在身上以备不时之需，不过从投资和避险的角度来看，金币和金条才是专业选手。大小规格不同的圆形金币、梯形金条、矩形金条等实物金都是常见的投资品种。2003 年出现的黄金 ETF（交易所交易基金）则是黄金金融化的产物，黄金 ETF 在 2020 年 11 月的巅峰期持仓量超过 3930 吨黄金。各类投资黄金加起来也能塞满一个奥运泳池。

金库里的黄金大体包括两部分，小部分是 ETF 和商业银行持有的黄金，大部分则是各国央行持有的黄金储备。这些黄金储备以每根 400 盎司（12.5 公斤）的矩形金条形式存放。虽然黄金已被非货币化，金本位制度也已退出历史舞台超过半个世纪，但截至 2024 年，在全球将近 200 个主权国家中，有约 100 个国家拥有黄金储备[12]。从美国的 8813.5 吨到波斯尼亚和黑塞哥维那的 1.5 吨，把央行地库中的黄金堆在一起也能塞满将近一个泳池。

此外，还有不少黄金散布在历史和宗教建筑中，赋予了更多的文化意义。也有黄金被应用在工业领域，彰显了确切的实用价值……这些林林总总的黄金加起来，竟然分量接近央行拥有的黄金。

全球的大金块大体能被分割成金饰、投资金、官方储备和其他黄金四个部分。剩下的黄金则还埋藏在地底。

黄金本身是古老的金属，黄金传说亘古流传，但目前见到的黄金，大部分从地下挖掘出来的时间都没那么久远，因为历史上黄金生产呈现出明显的加速度。

在全球已开采的 21 万吨黄金中，约有三分之二是在 1950 年之后才开采出来的。爆发式的产能增长在很大程度上是技术进步带来的，只要去矿山上走一趟对此就能一目了然：巨型的工程机械和运输车辆带来的产能大爆炸确实不是靠之前一把把铁镐和一张张筛网能比的。

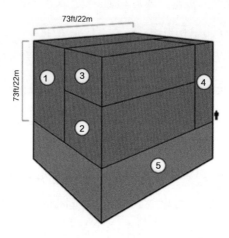

图7　全球黄金分布（数据来源：WGC[13]）

地上存量总计（①②③④）（截至2023年底）：212582吨
①金饰：约96487吨，占45%
②投资金条与金币（包括黄金ETF）：约47454吨，占22%
③官方储备（央行）：约36699吨，占17%
④其他：约31943吨，占15%
⑤地下储藏量：约59000吨

　　工业革命前的15世纪，在最传统的生产方式下，当时世界各地的黄金产量加在一起是每年约4吨。可作为比较的数据是，2018年我国黄金年产量是401吨，这约等于整个15世纪全世界的黄金产量。

　　在技术进步到来之前，提升全球黄金产能的是新大陆上发现了更多的金矿。随着地理边界的拓展，17世纪全世界的黄金产量达到约7吨。接着由于葡萄牙人在巴西的开发，18世纪的黄金产量提升到20吨以上。在那之后，黄金生产感受到工业革命的洗礼，在产能爆发下，一个个黄金国先后各领风骚。

　　19 世纪中期，随着加利福尼亚州和西伯利亚这些"偏远地区"逐渐被开发，美国、俄国、澳大利亚等地的金矿全面开花，黄金生产能力开始倍数增长。1850 年全球黄金年产量达到 200 吨，是 18 世纪年产量的 10 倍。

　　随着广袤的西伯利亚逐渐被开发，在冻土下蕴藏的黄金被发现，吸引了更多的人口迁入，西伯利亚也修建了更长的道路。在沙俄时期，该国超过九成的黄金产量来自西伯利亚，在美国淘金潮爆发前一年的 1847 年，俄国提供的黄金产量占到全球一半。之后随着其他国家的生产增多，俄国所占的份额开始下降，但其产量仍在提高。1914 年一战爆发时，俄国黄金年产量达到 60 吨。

　　取代俄国全球最大产金国的是美国，加利福尼亚淘金潮发生后，1853 年美国的黄金年产量达到 80 吨。淘金潮促进整个采金行业向深度和广度发展，在加利福尼亚之后，科罗拉多州和内华达州也相继发现金矿。这些金矿的陆续投产使美国将全球最大产金国的头衔一直保持到 1898 年。

　　接下来新的黄金国是南非，随着冶炼中氰化法的推广，19 世纪晚期南非的采金业成为当时的一项高技术产业——这在现在似乎很难想象——1886 年南非的黄金产量只有 1 吨，到了 1889 年产量激增至 14 吨，而在布尔战争[14]爆发前的 1898 年，产量已经达到了 120 吨。这也是人类历史上第一次有国家能在一年里生产超过百吨的黄金。

　　在此之前俄国和美国生产的黄金主要是砂金，其产量并不稳定，而南非的金矿是以岩金为主，在好望角以北的土地上发现了世界最大的岩金矿。南非拥有全世界丰度最高的金矿，并在开发中逐渐引入多种现代矿业技术，如露天采矿、地下采矿、破碎、筛分、浮选和冶炼等。先天资源和后天技术的结合，让南非将全球第一黄金国的桂冠垄断了

11

超过一个世纪。

在俄国、美国、南非，以及曾短暂登上王座的澳大利亚这几大黄金国的产能相继爆发带动下，到19世纪后半期，全世界生产的黄金大约有1万吨，这足以超过此前5000年的总产量。随着南非威特沃特斯兰德、美国科罗拉多、加拿大克朗代克河等地区的金矿相继被发现并投入生产，20世纪初的黄金产量再次增加两倍。

20世纪早期，黄金产量最高的年份达到每年700吨。全球产金量首次突破1000吨发生在1936年，并在4年后进一步提升到年产1300吨的阶段高点。随后爆发的第二次世界大战令百业凋敝，虽然黄金贵为战略物资，但在能源和劳动力短缺的情况下，生产也受到严重影响。1945年二战结束，黄金年产量下降到651吨，仅为1940年的一半。全球黄金产量在经历了第二次世界大战的冲击后，用了20多年的时间，才逐渐恢复到1940年的盛况。

20世纪60年代黄金年产量最高接近1500吨。1970年规定每盎司金价为35美元的布雷顿森林体系已经摇摇欲坠，那时全球黄金产量才第一次突破1500吨，并将这一产量维持到1973年。

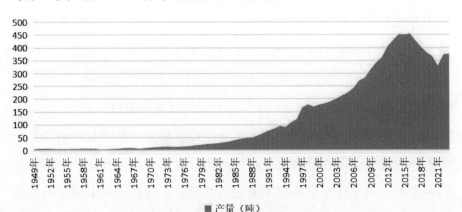

图8 新中国黄金产量演变（数据来源：中国黄金协会）

全球最大的黄金生产国南非在 1970 年创造了年产黄金超 1000 吨的纪录，这一纪录至今没有被打破，甚至没有其他任何一个国家能够接近。之后南非由于矿石品质下降、设备老旧且维护不善、电力供应困难、劳资矛盾频发等多种原因叠加，黄金产量迅速下跌。由于南非黄金产量的减少，全球年产金量重新回落到 1200 多吨，直到 1986 年才重新回到 1500 吨上方。

黄金国的王座更替发生在 2007 年。从 19 世纪末到 21 世纪初，南非开采出了 5 万多吨黄金，约是人类数千年黄金总产量的四分之一。2007 年南非黄金产量为 269.5 吨，而那一年中国黄金产量为 270.5 吨。从那一年开始，全球第一黄金国的称号落到了中国头上。

中国成为全球最大产金国的道路是一条逆袭之路。长期以来，中国被认为是一个贫金国，因此在其他国家都实行金本位制度时，中国只能实行银本位制度。1949 年新中国成立时，我国黄金年产量仅有 4 吨。

为了改善国际收支的状况，1957 年，周恩来总理签发了《国务院关于大力组织群众生产黄金的指示》，要求国家地质队伍加强黄金勘探，鼓励群众探矿、找矿[15]，这一举措在产量提升方面立竿见影，1960 年黄金产量达到 6.5 吨，比建国初期产量提高了超过一半。

1966 年中国黄金产量为 9.6 吨，是 1949 年的 2.3 倍。改革开放前夕的 1977 年，全国黄金产量达到 16.02 吨，成为截至当时历史上黄金产量最高的年份，而此前中国的纪录是 1910 年创下的。改革开放后，国家在黄金生产领域推出了一系列的扶持政策，推动黄金工业进入快速发展期，黄金产量的纪录也被多次刷新。在 1978 年至 1992 年的 15 年里，全国生产黄金累计达到 644.761 吨，这一数字是 1949 年新中国成立至 1977 年改革开放前的 29 年里全国产量的 2.72 倍。

全球黄金生产历程

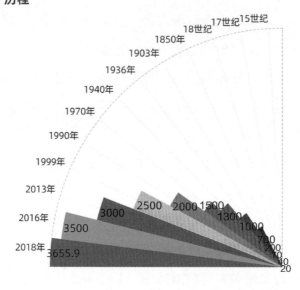

图9 全球黄金生产历程（数据来源：WGC）

　　中国黄金产量一步一个台阶：1995年中国黄金产量首超百吨，2003年突破200吨，2009年突破300吨，2012年首次突破400吨关口。从2007年开始至2024年，中国连续近20年保持世界黄金产量第一，2016年达到453.5吨，创下历史产量的最高纪录。在那之后，受到国家环保和绿色发展等政策的调控，黄金年产量出现一定下降，但截至2024年，中国仍能保持世界第一的地位[16]。

　　从全球看，1990年黄金产量突破2000吨，9年后增加了500吨。虽然和狂飙突进的20世纪90年代比起来产量增速有所减缓，但黄金产量还在继续提升，2013年，全球黄金产量突破了3000吨关口。2016年增至3500吨关口，而2018年3655.9吨的产量，是迄今为止人类历史上黄金矿产量最高的单一年度。

20 世纪最后 10 年，全球共产出 2.3 万吨黄金，而到 21 世纪第二个 10 年里，全球黄金合计产量提升至 3.2 万吨——在 2010 年到 2019 年的 10 年中，全球共开采了 32437 吨黄金，占到有史以来全部黄金产量的 16.4%。

图 10　2023 年全球产金地图（数据来源：WGC）

当前全球黄金产量基本保持稳定，增速已经放缓。之前罗列的一组组略显枯燥的黄金生产数据，不仅说明了为什么黄金从一开始就被尊为贵金属，还体现出黄金生产千年的征程。

三、淘金潮里走出的超级富豪

在寻找黄金国的过程中，全球黄金产量不断攀升。在"黄金大爆炸"的历史中，淘金潮留下了浓墨重彩的一笔。

工人们都盼着通过辛勤挖矿，能成为富豪，但走通这条路的人寥寥无几。确实有不少富豪与金矿有着密切的联系，比如 2024 年初有消息称，埃及首富纳吉布·萨维里斯对一个价值 70 亿美元的金矿项目感兴趣[17]，2023 年印尼的一座金矿上市，也造就了 6 位亿万富翁……金矿看似是"造富机器"，但其实这其中的前后顺序很值得琢磨。不少人往往是先成为富豪，然后才涉足黄金领域，让其财富锦上添花。比如纳吉布·萨维里斯的大量财富是从电信行业里积累出来的。

和其他矿品类相比，黄金虽然单价较高，但受制于市场规模有限，因此产生的"黄金富翁"在数量和质量上赶不上其他能源和矿业品类。比如在《财富》2023 年列出的 20 位顶级矿业富豪排行榜里，有来自铁矿石、铜和铝等部类的富豪，但没有从黄金矿业中出身的。

矿工挖不成矿主，黄金出不了巨头吗？也不一定。至少在虚拟世界里就有一位。这位颇具个性的卡通人物并不真实存在，但其发展路径上却透射着现实的影子。

史高治·麦克老鸭是全世界最著名的鸭子之一，按照"鸭设"，麦克老鸭是鸭堡的主人，也是全世界最富有的鸭子。这只老鸭白手起家，从金矿的矿工开始做起，打造出自己的商业帝国。在美国财经类刊物《福布斯》的虚拟人物财富排行榜上，麦克老鸭在 2013 年曾以 654 亿美元的财富总额排名榜首[18]。

黄金给麦克老鸭的财富增添了坚实的底色。《福布斯》在 2002 年到 2013 年期间做了最富有的 15 位虚拟人物财富排行榜，这份榜单计算虚构人物的财富方式是将虚构人物所在的作品中有关股票或大宗商品交易的内容与现实相关资讯联系到一起，再评估出这些人物的财富。在这个榜单中麦克老鸭 8 次上榜，且有 3 次排名第一，还有 2 次排名第二，成为综合实力最强的虚拟富豪。曾短暂击败它的虚拟人物包括每年搞全球礼物大派送的圣诞老人以及《指环王》中的传奇巨龙史矛革等。值得一提的是，史矛革有类似麦克老鸭收集黄金的爱好，他喜欢躺在金山上睡觉。

福布斯虚拟人物 15 大富豪排行榜中麦克老鸭的位次

2002 年：以 82 亿美元排名第四

2005 年：以 82 亿美元排名第六

2006 年：以 109 亿美元排名第三

2007 年：以 288 亿美元排名第一

2008 年：以 291 亿美元排名第二

2010 年：以 335 亿美元排名第二

2011 年：以 441 亿美元排名第一

2012 年：未上榜 [19]

2013 年：以 654 亿美元排名第一

《福布斯》给出的评价称，"首富"史高治·麦克老鸭以往鸭堡的钱柜里拼命积攒金币而著称，鉴于黄金价格高涨，这只极其富有的鸭子净资产飙升。鉴于 2024 年的金价比 2013 年又大幅上涨，麦克老鸭的财富继续膨胀，逼近 800 亿美元。这一身家在现实世界中虽不如马斯克、比尔·盖茨等人，但也大约能排在全球富豪排行榜前 15 名之内。

史高治·麦克老鸭的名字本身就很有含金量。前半段名字"史高治"，来源于查尔斯·狄更斯的中篇小说《圣诞颂歌》中的主人公埃比尼泽·史高治。那是一位著名的生性吝啬的富翁，和麦克老鸭的"鸭设"一致。后半段名字"麦克老鸭"里，麦克代表了其拥有凯尔特血统，表明史高治是有苏格兰血统的鸭子。

麦克老鸭的财富和黄金密切相关。1867 年，麦克老鸭出生于苏格兰的格拉斯哥。现实中，在他出生前 20 年 [20]，一位名叫詹姆斯·马歇尔的磨坊工人 1848 年在美国加利福尼亚州科洛马的萨特磨坊附近的小河中发现了金块，这个消息开启了美国西部淘金热的大潮，希望发财的淘金者蜂拥而至。1848 年加利福尼亚州的非印第安人口约为 1.4 万，而到 1849 年底却飙升至 10 万，这批赶往西部寻求黄金财富的人也被称为"49 人"[21]。

1849 年在充斥着喧嚣与骚动的淘金潮中很快过去，但怀揣着一夜暴富梦想的淘金大军却依旧在源源不断涌入美国西部。到 1853 年末，加利福尼亚州的人口增至 30 万，大量人口的涌入、淘金爆发出的产能，使美国很快成为当时全球产量最大的黄金生产国。

麦克老鸭破壳而出后，像当时的很多苏格兰人一样，远渡重洋去美国寻找机会。他 1880 年到美国时，加利福尼亚的淘金潮已经进入尾声。麦克老鸭在美国西海岸遇到了百万富翁霍华德·罗克达克。罗克达克是一只在 1849 年加州淘金热时暴富的鸭子，他成为麦克老鸭的偶像，后者也立志要成为一只"富鸭"。由于错过了风口，麦克老鸭没能在已经衰落的加利福尼亚淘金潮中挣到钱，只是树立了淘金的志向并积累了一些淘金经验。

俗话说"艺不压身"，有技术在手的麦克老鸭开始了逐金矿而生的"候鸟"生涯，哪里有黄金，他就出现在哪里。1886 年到 1889 年，麦克老鸭在南非淘金。麦克老鸭的脚步紧跟前沿，因为在现实世界里，来自金伯利的一位名叫乔治·哈里森的钻石挖掘者于 1886 年在德兰士瓦的威特沃特斯兰德地区发现了金矿。到当年年底，以约翰内斯堡为中心的地区被证实为富产的金矿区，吸引了许多探矿者前往。

在南非的矿区里发现了当时世界上最大、最集中的含铀砾岩型金矿，黄金预估储量达 6 万吨。在这个地质学上称为兰德盆地的地区，先后发现了 6 个金矿。世界各地的资本和淘金者不远万里来南非淘金，但不少人很快就发现，零敲碎打的个人矿工很难在南非矿场赚到钱。之前开采钻石的矿主在金融家的支持下在那里购买大片土地，许多小型矿业公司逐渐合并为大型矿业公司，只有他们才能负担得起有效加工威特沃特斯兰德含金矿石所需的昂贵的采矿和精炼设备，并能组建起一支拥有专业技术知识的队伍。在大规模生产的推动下，南非迅速反超美国，成为全球最大的黄金生产国，并将这一头衔保持了上百年。

南非"黄金大爆炸"催生了巨额财富，但却没有麦克老鸭那样"个体户"的份。麦克老鸭选择的淘金点矿石含金量不够，他意识到只有大型企业集团才能从该地区的矿产财富中获利，而自己没钱购买大型机械。想明白这个道理后，麦克老鸭铩羽而归，离开了南非。

麦克老鸭的下一站是回到美国的亚利桑那州附近淘金，他在那次规模较小的淘金潮中干了四年，看够了大峡谷的壮美，但也只是勉强维生，并没发财。于是麦克老鸭又转战澳大利亚，因为那里也掀起了波澜壮阔的淘金潮。

其实麦克老鸭到澳大利亚也属于去得晚了。早在 1851 年，就有黄金探索团队在墨尔本东北方向的山区发现了金矿。之后又有一名长途马车夫率领伙伴在墨尔本西北方向约 200 公里处的克伦斯河发现了更丰富的冲积金矿。澳大利亚的黄金与北美发现的黄金有些不同，北美黄金通常是非常细小的颗粒，而在澳大利亚发现的大尺寸金块却屡见不鲜。大块黄金带来的视觉冲击力和高价值，激发了更多人投身到淘金潮中。

在淘金潮的带动下，澳大利亚墨尔本的人口在接下来的十年里几乎翻了两番。可麦克老鸭在澳大利亚淘金又没赶上好时候，待了三年还是一无所获。麦克老鸭没能在澳大利亚的淘金潮里发家，不过那里却不乏好运气的淘金者。从德国移民到澳大利亚的伯恩哈特·奥托·霍尔特曼，在 1872 年在新南威尔士州的希尔德发现了一块长 1.5 米、重 286 公斤的天然金块，其中含有黄金大约 93 公斤，那是有史以来最大的一块珊瑚金[22]。

首富是怎样炼成的？显然，在金矿上谋生并不容易。麦克老鸭在美国、南非、澳大利亚等地的淘金潮中都没赚到钱，在屡受打击的情况下，这只鸭子坚韧不拔的品性就凸显出巨大的价值。麦克老鸭专注于寻找下一次淘金的机会，终于在 1896 年开始的加拿大克朗代克淘金潮中，遇到了发家的契机。

育空地区是加拿大的十省三地区之一，该地区因育空河而得名。育空地区位于加拿大的西北方，约十分之一的面积位于北极圈内，气候严寒。克朗代克河是育空河的一条支流，总长约 160 公里，这条不长的河流因为黄金赢得了世界上"最值钱河流"的大名。1896 年，人们在克朗代克河流域发现了黄金，随即数以万计的淘金者徒步或乘坐自制小船，穿越荒凉的原野，到克朗代克河附近寻找金矿。

作家杰克·伦敦令人难忘的小说就以育空河的淘金潮作为背景，而麦克老鸭的经历，一点都不逊色于小说里那些人物。麦克老鸭和其他淘金者一样，穿戴着旧鹿皮大衣和浣熊皮帽以抵御严寒，在克朗代克淘金热的大部分时间里，他常常步行从一个地方到另一个地方淘金。当需要长途跋涉时他会驾驶狗拉雪橇，雪橇上挂着野外所需的锅、镐和铲子，他用这些工具在冰冷的小溪和荒凉的苔原上挖掘。淘金者的野外行程充满危险，有一次旅途中，他的雪橇被困在穆森内克冰川的裂缝中。

麦克老鸭大难不死，遇到后福。在经历了令人失望的三次淘金潮后，麦克老鸭在克朗代克河终于找到了属于他的机遇。1898 年他为了吓跑一些试图从他的矿井偷窃的矿工，从水闸里捡起一块石头打算扔出去。他感觉手里那块石头出奇的重，在洗掉泥土后惊讶地发现那是一个金块，有鹅蛋那么大！

这块黄金虽然没有之前澳大利亚的霍尔特曼金块那么大，但也足以成为发家之本。有了启动资金后，麦克老鸭的事业开始一飞冲天。在下一年，他挣到了一生中的第一个 100 万美元。利用这第一桶金，麦克老鸭在育空地区买下了一家服务淘金者的小型银行，并逐步建立起贸易帝国[23]。

麦克老鸭是淘金潮中的幸运儿。必须说明的一点是，并非所有的淘金潮都是成功的，也并非所有淘金者都发了财。不少淘金潮实际上生产出的黄金远远低于预期，这对那些冒着生命风险寻找黄金的矿工来说是灾难性的。因为那些放弃一切、冒险进入荒野的淘金者的生活艰难，而且往往充斥着危险：除了操作简陋的机器带来的危险外，淘金者还必须克服恶劣的自然条件、危险的野生动物和有限的食物供应等问题，才能在淘金潮中艰难生存下来。此外还要面临着欺诈和暴力的风险，有些欺诈来自淘金潮中的同伴，有些欺诈来自大自然。假淘金潮也曾发生过，被称作"愚人金"的黄铁矿[24]多次被误认为是真正的金块，并诱使淘金者奔波千里去开采这种低价值的金属，最后竹篮打水一场空。

麦克老鸭用从黄金中得到的财富修建起了鸭堡，那是他居住其中的巨型豪宅。淘金起家的麦克老鸭还开过油井，名下产业遍布捕捞业、娱乐业、种植业、航运业等，并从中赚取了巨额财富。可他有钱后也从来没有远离黄金，1906 年麦克老鸭还前往巴拿马运河现场开发金矿。

淘金潮给麦克老鸭留下了鸭堡和巨大的财富，而在现实中一次次的淘金潮给发现金矿的地区留下了什么呢？

最直观的现象就是一座座城市从荒原中拔地而起。淘金热随着时间的推移而减弱，最容易挖掘的金矿逐渐耗尽，有组织的资本和大规模的机器以更高效、更务实的运作取代了个人采矿冒险者的努力，同时政府和执法部门建起的永久定居点也淘汰了规划凌乱和暴力横行的临时采矿营地。当黄金逐步耗尽时，有些缺乏其他可持续经济活动的定居点很快就变成了被遗弃的鬼城，而能留住人口和财富的地方，则发展为热闹的城市。

麦克老鸭虽然没能赶上美国的淘金潮，但他去了旧金山。1846年美国从墨西哥手中夺取旧金山所在的加利福尼亚州时，旧金山甚至算不上是一个城市，是个只有数百人聚居的小镇。发现黄金的消息改变了这个小镇的发展轨迹，当河道里有黄金的消息从酒吧中传开后，旧金山几乎成了一座空城，所有人都跑去寻找金矿。

近水楼台的旧金山人率先去淘金，几个月后，这个小镇陆续迎来了数以万计从美国东部闻讯而来的淘金大军。在19世纪50年代初，上千艘船堵塞了港口，其中一些再也没有离开。仅用了两年时间，旧金山就从一个小镇发展成为了一个拥有3.6万人口的新兴城市，在麦克老鸭三岁（1870年）时，世界各地的淘金者不断涌入，让旧金山的人口增加到15万，此后，旧金山发展成为美国西海岸仅次于洛杉矶的第二大城市。

旧金山在美国淘金潮中迅速崛起，在澳大利亚淘金潮中则诞生了新金山[25]——墨尔本。如今繁华的墨尔本就是从维多利亚州的淘金小镇发展起来的。墨尔本最初是五个讲原住民语言的部落的聚居地，该地区1836年第一次有记录的官方人口普查数据显示，当时只有177名居民，其中包括35名女性。1851年墨尔本附近发现了金矿，淘金热使维多利亚州的人口增加了四倍多，到1869年墨尔本发展为一个拥有70万人口的大城市。财富的流动使这个世界尽头的小定居点拥有了"墨尔本"这个正式的名字。时至今日，墨尔本已经成为澳大利亚人口最多的城市，在"双城记"中力压悉尼一头。

麦克老鸭在南非空忙了三年，黄金财富却扎扎实实在当地沉淀下来，并促成了约翰内斯堡的诞生。约翰内斯堡的名字在南非第一大民族祖鲁族的语言中的意思是"黄金之城"，这座城市正处在金矿带的中心。1886 年，约翰内斯堡附近的一个农场意外发现了一个巨大的金块，这个消息迅速传遍世界，各国淘金者蜂拥而至。当地官员随手画了一块三角地带给这些外来者搭建帐篷，之后帐篷越来越多，地盘越建越大，约翰内斯堡随即正式建城。这座城市只用了 10 年时间就超越了港口城市开普敦的规模，用 30 年时间成为了南非最大的城市，并将这一名头保留至今。

淘金潮将上天的馈赠从地下挖掘出来，从美国到澳大利亚再到南非，吸引了大量人口，促进了商业和城市的发展，催生了一座座现代化超级城市的崛起。城市的发展满足了大量人口在日用、交通、住宿、金融等方面的商业需求，带来的关联商业利益远比单纯的金矿要大。比如挖出来的黄金不好携带和存储，需要金融机构代管，催生了当地银行和金融机构的发展——麦克老鸭离开金矿后在育空地区经营服务淘金者的小型银行，就属于这类华丽转身。

"淘金人口 + 黄金财富 = 城市崛起"的公式并非到处适用，在麦克老鸭发家的加拿大，淘金潮带来的繁荣就大多只是昙花一现。在淘金时代克朗代克河附近有个名为博南扎的小镇，有许多的淘金者住在这里，据统计人数最高峰达到 20 万。可以作为比较坐标的是，在一个多世纪后的当下，育空地区最大的城市白马市也只有 26 万左右人口。

育空地区道森市在 1896 年只有 500 多人，到 1898 年夏季该城的人口增长到约 1.7 万人。道森城里粗陋的临时木屋林立，缺乏规划导致污水横流。这个城市饱受了火灾、物价高涨和瘟疫传播之苦。尽管如此，一夜暴富的淘金者们在那里一掷千金、醉生梦死，在酒吧里彻夜赌博、酗酒。由于育空地区的自然环境太过恶劣，并不适于大量人口长期居住，因此在黄金潮后，随着资源被逐渐开采完毕，淘金者也随之离开，克朗代克河又重新回归沉寂，回归自然。现在道森那个曾经的销金窟只剩下不足 1500 名居民。

麦克老鸭去挖过矿的另一个地方：位于澳大利亚西部的卡尔古利也好不了多少。19 世纪 90 年代，西澳地区的人口因为采矿业的发达而数量猛增，整个地区的人口曾一度涨至 20 余万，其中大部分都是逐黄金而居的勘矿者。卡尔古利附近的金矿聚集地常被称为"黄金英里"，这一平方英里区域被认为是地球上等面积区域中最有价值的一处。这个地区曾因强盗的泛滥而臭名远扬，被称为"狂野西部"。人口剧增还使一些人产生了将卡尔古利从西澳大利亚州分离出来的野心，提议建立一个以卡尔古利为中心的新州——奥雷利亚州[26]。不过黄金潮过后，这一地区人口的散去使这个独立计划不告而终，到现在卡尔古利只剩下 3 万出头的人口。

吴宫花草埋幽径，晋代衣冠成古丘。在一个半世纪后，现在一些依旧繁荣的大城市是当年淘金热后依旧活着的纪念碑。一些在荒野废弃的矿山坑道中也埋藏着淘金的传说。人们现在已经看不到黄金，但致富的梦想、冒险的精神，都从当时流传了下来。

此外，淘金潮还留下了更多不引人注意的"遗产"，即当地人的悲惨遭遇。对此麦克老鸭并没讲述过太多相关的故事，只提到了他在淘金的过程中结识了印第安人阿帕奇部落[27]的领袖杰罗尼莫，以及澳大利亚的原住民贾比鲁·卡皮里吉等典型人物。

真实历史中的杰罗尼莫是印第安人中的传奇人物，他在 1850 年到 1886 年间对占领土地的白人进行了多次袭击，并发动了对抗墨西哥和美国的军事行动。杰罗尼莫的袭击是阿帕奇部落与美国长期冲突的一部分，这场冲突始于 1848 年。与墨西哥的战争结束后，美国人在西部继续占领土地，其中包括夺取属于阿帕奇部落的土地。加利福尼亚淘金潮就发生在印第安人的土地上，阿帕奇部落为了保护自己的土地和游牧生活方式，在杰罗尼莫率领下出动小股部队袭击大批涌入的外来者。杰罗尼莫后来被美国军队俘虏，在囚禁期间美国利用杰罗尼莫的声誉，在各种集市和展览会上展示他。1909 年，杰罗尼莫作为战俘在希尔堡医院去世，临终前他的最后一句话是对他的侄子说的："我不应该投降。我应该战斗，成为最后一个活着的人。"

淘金虽然需历尽艰辛，麦克老鸭毕竟心想事成。而他结识的那些本地朋友，结局却大都像杰罗尼莫那样悲惨。就当地原住民而言，无论是美国的印第安人还是南非的祖鲁人抑或是澳大利亚的原住民，淘金热并没能给他们带来财富，反而给他们的生活带来了巨大的灾难，使他们丢掉了祖祖辈辈生活的地方，生存空间被挤压殆尽，传统的生活方式也被改变，随之而来的疾病、饥饿更让他们的生活雪上加霜。

历史学家越来越多地注意到淘金潮对当地环境的灾难性影响。虽然当前黄金采矿作业要尽可能保持环境的友好性和产业发展的可持续性，但当年淘金潮时的开采作业却远不会考虑这么多，对环境并不友好，粗暴的采矿作业往往导致木材需求激增，导致大范围的森林被砍伐，后期化学提炼方式的引入，更是对土壤与河流造成严重损害。

麦克老鸭是一只美欧主流叙事中的"白鸭"，不但一身白羽毛，而且主打的是白手起家、勤劳致富的"淘金梦"。在拥有亿万身家后，麦克老鸭最大的爱好，就是在鸭堡中装满金币的池子里游泳。麦克老鸭将财富以金币的方式储存在一座泳池般的金库中，金库里的每一枚金币都对他具有极强的纪念意义。

麦克老鸭曾经称自己记得赚到每一枚金币的经历。至于要有多少金币才能造个金泳池？按照漫画里的设定，麦克老鸭的金库泳池大约有 39 米高，长宽都是 37 米——这比真实历史上西班牙殖民者抓住印加帝国国王之后，要求用黄金作为赎金填满的房间要大得多。

1532 年，在冒险者弗朗西斯科·皮萨罗带领下，西班牙殖民者俘虏了印加皇帝阿塔瓦尔帕。阿塔瓦尔帕为了保命，答应向皮萨罗支付可以装满整个屋子的黄金作赎金。那个平时住人、第一次被当作黄金度量衡的屋子有大约 7 米长、6 米宽、3 米高。皮萨罗在屋子里亲手画了一条横线，表示黄金要一直堆放到这个高度才行。在往后的三个月里，印加人为了满足绑架者的要求，用羊驼拉着大量的黄金送进这个房间，直至将其堆满。经过核算，装满屋子的黄金大约有 6.2 吨，此外还有超过 11 吨白银。收到赎金后，皮萨罗却没有兑现放人的诺言，选择了"撕票"，就地处决了阿塔瓦尔帕。

阿塔瓦尔帕赎身的"黄金屋"要比麦克老鸭游泳的金池小得多。不过鸭堡中的黄金池也并没有完全装满，而且散落的金币之间也都有空隙——否则这个黄金泳池会破坏全球金融秩序，并打破黄金的供求关系。毕竟集全世界 5000 多年合力才攒出来的金块，才能勉强填满麦克老鸭黄金池五分之一的体积。

在尊重现实的情况下，往少里估量，麦克老鸭的金库里会有多少黄金呢？他每天都会从一块高出黄金表面几层的跳板上跳入金库游泳。有人根据麦克老鸭的身高算了算，发现要装满他那个黄金池，需要价值超过 300 亿美元的金币才行，这也意味着超过 600 吨黄金。

简单说一句富可敌国都是小瞧了麦克老鸭，因为这意味着全球只有美国、德国、意大利、法国、俄国和中国等 10 个国家的官方黄金储备超过这个数，剩下近百个国家的央行金库里都没有麦克老鸭泳池里的黄金多。

在布雷顿森林体系瓦解半个世纪后，各国央行正在重新估量黄金作为战略储备资产的重要性。从 2009 年到 2023 年，全球央行作为一个整体已经连续 14 年成为黄金的净买家，2022 年和 2023 年更是连续买入超过上千吨黄金。当前各国央行合计持有超过 3.57 万吨黄金，作为其战略储备。在汹涌的买金潮下，会有越来越多的国家拥有堪比麦克老鸭的黄金家底。

麦克老鸭起家的淘金潮是矿业勘探技术不发达和矿业管理制度不完善的产物，拥有鲜明的时代烙印。麦克老鸭经历的历次淘金潮，都集中在 19 世纪末，时至今日，已经很难有贸然发现的大金矿让几十万人蜂拥而至转行挖矿了。从现在看，麦克老鸭这种挖矿挖成矿主的成功路径已经很难复制。

按照迪士尼的设定，麦克老鸭活了整整 100 岁，由于黄金开采技术的进步，当前世界上的黄金中约有三分之二是在他去世后才开采出来的——从开采到磨碎，从浮选到粗炼，各个生产流程主要使用大型工程机械完成，而不是麦克老鸭当年用的手镐和筛盘。

另一方面，现在不少行业财富积累的速度比采金还快。麦克老鸭从在美国淘金开始，到在育空河挖到鸭蛋大小的金块，前后花了十多年时间。在坚韧和幸运的加持下，麦克老鸭在数百万淘金者中脱颖而出。随着 20 世纪 90 年代开启的互联网热潮，科技造富的速度已经远远把传统富豪财富积累甩在身后。现在麦克老鸭看上去已经不像之前那么富有，可是作为经历了多次淘金潮的"著名人物"，而且是挖矿挖成矿主的传奇，分析麦克老鸭的个案，实际上是在回顾一段历尽艰辛的淘金史。

四、生产黄金的跨国公司和手工劳动者
黄金国的名号风水轮流转，但国家这个"利维坦巨人"[28] 毕竟不可能直接参加采金。黄金生产终究还是要靠人，在现代化生产组织方式下，更明确的是靠黄金矿产商来组织完成。

黄金被人们时常挂在口头上，但是黄金资源稀少，实际市场规模受限，黄金矿业公司的规模在全球矿产商中排名并不靠前。比起必和必拓、力拓、淡水河谷等矿业"巨无霸"来，黄金生产商更符合"小而美"的趋势。

纽蒙特、巴里克、英美黄金阿散蒂、极地黄金、金田……这些是按照产量计算在全球排名靠前的黄金巨头。全球最大的黄金生产商每年的产量在170吨左右。其实一家矿产商每年的产量超过50吨，就足以迈入顶级黄金生产商的行列。相比之下，全球顶级的铜业公司年产能都在百万吨量级上，中国的紫金矿业、中国黄金和山东黄金距离顶级还稍逊一筹。由于历史的原因，全球顶级黄金矿产公司大部分来自北美[29]和南非，这些公司旗下的金矿遍布全球，极地黄金、纳沃伊和固核是俄罗斯和中亚的黄金生产商。

排名	名称	产量（吨）	总部所在国	上市地及代码
1	纽蒙特	173.2	美国	TSX:NGT, NYSE:NEM
2	巴里克	126	加拿大	TSX:ABX, NYSE:GOLD
3	艾格尼克鹰	106.8	加拿大	TSX:AEM, NYSE:AEM
4	极地黄金	90.3	俄罗斯	LSE:PLZL, MCX:PLZL
5	纳沃伊	88.9	乌兹别克斯坦	未上市
6	英美黄金阿散蒂	82	南非	NYSE:AU, ASX:AGG
7	金田	71.7	南非	NYSE:GFI
8	金罗斯	67	南非	TSX:K, NYSE:KGC
9	自由港麦克莫兰	62	美国	NYSE:FCX
10	固核[30]	53.7	哈萨克斯坦	AIX:CORE

图11 2023年全球十大黄金生产商（数据来源：美国地质调查局）

　　顶级生产商把持着全球产量最大的金矿。全球十大金矿里，有四家由巴里克黄金运营，三家属于纽蒙特，极地黄金、自由港麦克莫兰和柯克兰湖黄金各运营一家。从地理分布上看，十大金矿有四个位于大洋洲，其中三个在澳大利亚，一个在巴布亚新几内亚。亚洲有两个，一个位于俄罗斯的西伯利亚地区，另一个在印度尼西亚。非洲有两处，分别位于刚果和马里。

　　黄金生产商有自己的金字塔，处于塔尖的位置有限，也是拥挤的。由于新发现高产量金矿越来越困难，全球十大金矿中最年轻的普韦布洛别霍金矿开发于 2009 年，格拉斯堡金矿更是从 1972 年就开始产金。顶级矿产商向上跃升的希望从勘探部门转移到了财务部门，它们选择通过并购来扩大规模，降低成本，形成协同效应。

　　为了巩固位置，全球最大的黄金生产商纽蒙特 2023 年拿出了支票本，为澳大利亚矿产商纽卡斯特开出了 170 亿美元的报价，这是有史以来规模最大的一笔金矿收购。

　　纽卡斯特被摆上货架，是由于澳大利亚采矿业的成本迅速上升，以及利率急剧上升导致的黄金价格波动，使该公司的股票价值看上去"较为便宜"，而其之所以能吸引大量买家，更是因为其在澳大利亚、加拿大和巴布亚新几内亚都拥有黄金开发项目。

　　纽卡斯特最初是由纽蒙特 20 世纪 60 年代在澳大利亚建立的子公司。1990 年纽蒙特放弃了对纽卡斯特的所有权，后者与必和必拓旗下黄金资产合并独立运营。在单飞了 30 多年后，纽蒙特又向纽卡斯特张开了臂膀。

　　纽蒙特公司收购纽卡斯特公司的交易引发了黄金行业对并购的热烈讨论。这场讨论中黄金生产商分成了泾渭分明的两派，一方认为并购是黄金行业大势所趋，另一方则持"小就是美"的反对意见。

发起并购的纽蒙特自然是支持收购派别的带头大哥。纽蒙特一直想成为黄金行业的埃克森美孚公司，让投资者一想到黄金就会想到他们，以纽蒙特的规模要达到这个目标意味着并购是唯一的快速增长途径。一些规模稍逊的黄金公司也将并购视为机会，哈姆尼黄金认为由于需要替换日渐枯竭的矿产储量，黄金开采行业的并购不可避免。

反对并购一方的实力同样不俗。多年和纽蒙特争夺黄金生产"榜一大哥"地位的巴里克就认为并购不在其行动选项中。和巴里克站在一起的是英美黄金阿散蒂。该公司表示没有收购或被收购的计划，而是专注于内部增长，并认为"通过并购增加价值是非常困难的"。

支持派有着充分的理由：为应对金矿规模小、成本高、寿命短的现实，同时尽量多元化，收购是破局为数不多的选项之一。不过反对派的理由更直接：溢价太高，所以不值。目前看起来黄金行业内部支持并购和反对并购泾渭分明，但这种分歧具有模糊性，公司们的立场也在随价格杠杆变化。

唱反调的巴里克正是由于 2018 年以 60 亿美元收购了兰德黄金资源，才让其拥有了和纽蒙特"掰腕子"的能力，后来却在老对头做类似尝试时对收购的意义释出怀疑论调。两相比较，可以看出有些公司是为了竞争而反对。此外，金田公司本来是并购的积极推动方，但在 2022 年收购亚马纳黄金公司失败后，态度迅速转向，称该公司仍希望扩大资产，但它不会"仅仅为了增加生产的盎司数量而收购"，因为市场对亚马纳收购案的负面反应表明，投资者不愿支付高额溢价。

由于黄金生产商们都面临着更高的运营成本、不断下降的矿石品位、更难开采的资源，以及更难找到的新矿床，这使得并购成了最容易缓解股东不满情绪的选择。除了纽蒙特收购纽卡斯特、巴里克收购兰德黄金外，2018 年以来黄金矿业领域还经历了一系列重大交易，包括全球第九大黄金公司加拿大艾格尼克鹰矿业付出 104 亿美元和全球第十二大黄金公司柯克兰湖黄金宣布对等合并，金田矿业公司以 67 亿美元的价格收购加拿大亚马纳黄金公司、金罗斯斥资 14.46 亿美元收购巨熊资源公司等。

黄金生产商对并购的态度随着估价变化随时调整，但在收购过程中坚持扮演支持派的是金融机构。牵头并购的投行总会在一起起大规模交易中收到大笔的交易撮合费，因此这些机构不管在什么情况下都会呼吁"买买买"，认为当下是最好的并购交易时机，甚至会渲染"过了这村没这店""你不买的话你的竞争对手就会出手"之类的恐慌情绪。在并购这件事上，黄金生产商和金融掮客的利益并不总是一致的，投资银行家们追求的是炒热气氛后从中立即赚钱，而掏出巨额资金的矿产商的盈亏则要从之后的资产负债表上逐渐体现。

黄金生产的宏观叙事，绝大多数情况下都和国家的财富、公司的竞争联系在一起。常见的象征符号包括大型矿山、管理规范的矿道、西装革履的管理层……而作为小型生产者则与森林砍伐、汞污染、童工、人口贩运等负面问题相关。在刻板印象中，光鲜亮丽的是大规模开采（LSM）的黄金企业，麻烦缠身的则是手工和小规模开采（ASM）的作坊。在掌握行业话语权的前者眼中，后者是需要被逐渐消除的"灰色地带"。

此外，还有彻底被黄金生产忽略的部分：那些个体手工生产者在黄金生产叙事中根本就不配拥有名字。

开采的黄金
· 大规模开采(LSM)
· 手工和小规模开采 (ASM)

图 12 LSM 和 ASM 的分野

然而真是这样吗?

大规模开采黄金往往都涉及经验丰富的跨国公司,它们在全球多个地点进行基础设施方面的巨额长期投资。这些公司都是具有法律报告义务和严格治理框架的上市实体,大规模矿物开采的生产过程有成熟的物流和供应链做配套。世界黄金协会的会员集合了全球最有影响力的黄金生产商,但将会员们的产量集合起来,仍不到全球黄金年产量的 50%。这也就意味着,全球超过一半的黄金的生产还处于被技术进步抛弃的状态下,其生产的步骤和两百年前没有多大差异[31]。

以精炼厂为抓手的伦敦金银市场协会也遇到了类似情况。全球重要的矿山产出的黄金,都在 LBMA 的合格交付商制度清单的跟踪范围内。LBMA 通过与世界各地的贵金属交易所和主要市场合作,建立起一套全球负责任采购标准。大约 92% 的大规模开采出的黄金通过有合格交付商资格的精炼厂精炼,但通过这些精炼厂精炼的手工和小规模开采的黄金产量可以忽略不计。

从目前情况看,黄金产业链的行业推广一直在抓大放小。事实上大型的黄金采矿企业并非毫无风险,只是在公共关系方面能够投入更多的资源。它们也会对制造大量有毒废物、使用氰化物造成水源污染,以及对占用当地社区土地等违法行为负有责任。同时有些人在手工采矿方面做得很不错,一些手工采矿者的组织形式类似中小型企业,他们规模不大,但也会采取机械化作业。更重要的是,各个小金矿的产金量合计占世界总量的 20%,涉及超过 2000 万矿工的生计,再加上他们的家庭,有多达 4000 多万人依靠手工矿业生产的收入生存。因此对大规模开采的责任界定不能放松,同时对手工和小规模开采的要求也不能过高。在小规模采金企业之下,更有数百万计的个人手工生产者,他们是整个黄金生产行业的底层,长期以来却是被无视的群体。

目前黄金生产的门槛越来越高，小生产者受到挤压，往往只能在高风险和受冲突影响地区等具有挑战性的环境中作业，对他们进行尽职调查的成本往往过高，难以维持。如果一刀切地把手工和小规模采矿者踢出黄金供应链，无助于提升采矿活动的持续性和透明度，相反只会把手工采矿者推向非正规经营的道路。

真正负责任的举措，在于积极改善与小规模和手工生产相关的4000 多万人的生活水平，在保障其基本生存和发展条件得到满足后，再让他们逐步了解什么是负责任的生产和购买，并制定保障性措施，以确保那些行事正确的生产者得到正面的激励。

伦敦金银市场协会支持所有旨在将负责任生产的手工和小规模开采黄金纳入合法供应链。伦敦金银市场协会在 2019 年发布了"行动呼吁"，支持提炼来自负责任手工和小规模开采来源的黄金。精炼行业的竞争非常激烈，通过手工和小规模开采可获得大量非专属原料，这意味着它可以提供急需的精炼原料来源。在新冠疫情期间以及由此导致的金价上涨期间，对合理的手工和小规模开采举措的支持显然变得更为重要。2020 年伦敦金银市场协会发表了题为《对个体和小规模采矿者的紧急支助》的报告，呼吁"产业、政府和民间社会紧急合作，支持和保护这些弱势群体"[32]。

世界黄金协会也认识到，小规模开采和手工生产黄金是一些地区矿工维持生计的收入来源，应尽力帮助这些群体采用更安全的作业方法，采取对社会和环境更负责的生产方式，并在有条件的地方，考虑其他潜在能维持当地人生计的替代方案。

机构们试图通过在产业链中吸收小规模和手工生产的黄金，来进一步扩大影响力。但这轮"跑马圈地"虽然有无可辩驳的道德感召力，但也面临着一个关键的障碍：成本问题。小规模和手工生产的黄金本来就比大规模生产要贵，对其合规审查也更复杂和昂贵。这些黄金进入现有的流通链并不容易，或者付出溢价洗白，或者成为进入非法市场的"暗金"。

从小规模和手工生产者的角度看，目前的各种负责任准则充斥着高高在上的内容和不切实际的安排。机构自然可以高大上地空谈，不涉及柴米油盐等切实生活压力。事实上，只有真正打通与下游有效需求间的渠道，小规模和手工生产的黄金才能获得持久的发展。而要做到这一点，仅靠小规模生产和手工生产自发的道德感召是远远不够的。

五、黄金跨山海

千百年来辛辛苦苦挖掘出的黄金，总会在政治、经济游戏的规则下跨越山海，找到自己的归宿。

"金钱永不眠"[33]是金融圈里的一句老话，资金在全球范围内流动，在伦敦、纽约和香港等金融中心间寻找套利机会。具有讽刺意味的是，作为古老货币的黄金，给人的印象却总是沉睡在地下金库中。

这种习惯性沉睡的"懒惰"并非黄金最终退出货币舞台的原因，但早就有经济学家曾提出质疑，人类费尽力气从矿山中开采出这种金光闪闪的金属是否是一种浪费，因为人类并没有充分利用其良好的耐磨损或抗腐蚀等物理特性服务生活，而是让其回归地底，被存放在保护严密的金库里。

很多人印象中，黄金的价值就在于静静地守护，其实这是一个错误的认知。在伦敦和纽约等地的大型金库里，每一块入库的金条都是符合特定重量和纯度标准的"价值单位"，印有特定的编号作为其唯一的"身份凭证"。虽然它们在坚固的托架上的物理位置不会经常移动，但其归属权却在后台的账本上随着交易的进行而不断发生变化。从台账上看黄金也同样是"不眠"的。

当然，当前全球化的黄金市场建立仅有一个多世纪的时间。在此之前，并不存在黄金交易中心和得到信赖和认可的统一金库，放在火炮射程内的黄金才是所有权得到保障的黄金。于是在跨越欧洲和新大陆的航线上，西班牙三桅大帆船满载着金银从哈瓦那出发开往塞维利亚，也有船队绕过气候变化多端的好望角，驶向印度洋和太平洋。

那时的黄金不但是无眠的，甚至是亢奋的。探险者以"开地图"的方式走遍世界每一个角落试图找到黄金；殖民者用冷漠的血与火从原住民的口袋里压榨黄金；商人们则在枪炮的伴随下在陌生的市场赚取黄金。伴随着黄金大规模流动，这种分布在全球的矿产的生产地和存放地被逐渐分割，并被前所未有地集中了起来，而流向最多的地方则逐渐成为全球黄金交易中心。

黄金交易中心给贵金属的集中披上了一层文明的外衣，但其骨子里仍是对财富的追求。黄金交易中心存在的意义在于通过压缩黄金的物理流动，减少其出库入库、重新检测等环节，保证安全性和便捷性，并降低交易成本。在一般情况下，黄金确实可以做到"足不出库"完成交易。但现实中除了发挥价值储备功能——比如对国家来说是外汇储备的一部分——之外，黄金还扮演其他角色：个人投资者需要小一点的金条或漂亮一些的金币；女性喜欢各式各样的黄金首饰；工业领域也需要一些黄金用于电子元件……因此黄金也会像现钞或者铜一样，在不同的区域间进行物理运输。

由于 21 世纪以来全球黄金生产的规模远大于以往，从绝对数量上看，流动的黄金也远非 19 世纪，甚至是半个世纪前能比较的。而且随着新的投资方式和应用场景的发掘，在价格杠杆的撬动下，存量黄金也随时会重新涌入到市场中，瑞士精炼厂的业务景气程度就是明显的风向标。同时，从精炼厂中流出的黄金，其流向则成为衡量财富在全球配置的晴雨表。

黄金总会找到合适的去向。

15 世纪全球黄金年产量在 4 吨左右，当时欧洲遭遇了前所未有的金荒。美国经济史学家约翰·戴伊[34]估计，1340 年到 1460 年欧洲的金银储藏总量减少了一半。这种情况导致铸币厂几乎陷入瘫痪，1460 年英国伦敦塔桥附近的皇家铸币厂每年生产价值约 5000 英镑的金币，1480 年下降了 60%，降至 2000 英镑，在接下来的十年里该铸币厂实际上已经停止运作。欧洲之所以会发生钱荒并非物资生产增幅超过黄金生产量，而是劣币驱逐良币导致黄金匮乏。这要求金矿勘探活动与规模不得不扩大，确保其扩张速度尽量赶上甚至超过欧洲铸币所需的黄金数量。

地理大发现让勘探和开采活动遍及全球，从经济学的视角看，就像亚当·斯密所认为的那样，是"宗教化的黄金渴望"驱使探险者和征服者前往新大陆。哥伦布写给西班牙统治者费迪南德和伊莎贝拉的信中表达的则更为直白："尊敬的陛下，您应当有决心使那些土著人规划为基督徒……您亦将以西班牙的名义获得大量的统治权、财富和臣民。毫无疑问，在那些土地上有着大量的黄金。"

航海探险收入颇丰，甚至在发现新大陆之前，对地中海以南非洲西海岸的探索就让葡萄牙尝到了甜头。葡萄牙在摩洛哥和西撒哈拉建立了贸易据点，在 16 世纪早期每年能将约 700 公斤黄金运回里斯本。考虑到当时欧洲的黄金产量有限，这已经是一个足以影响地区金价的数量。之后新大陆黄金的涌入更是改变了黄金格局。到 16 世纪末，欧洲储存黄金的数量是 15 世纪末的 5 倍。

16 世纪的黄金流动路径比现在要复杂：大量黄金先从墨西哥韦拉

克鲁斯港出发，到洪都拉斯特鲁希尤港和巴拿马迪奥斯港再次装船，然后停靠在哥伦比亚卡塔格纳港，接着环绕加勒比海，组成"西班牙干线"。黄金从干线港口装船，在古巴的哈瓦那集结组成船队，跨越大西洋运往塞维利亚港。塞维利亚港是"西班牙干线"的终点，但却不是这批黄金的终点。这些黄金有的被分散到伦敦、巴黎和阿姆斯特丹等地，更多的是继续向东流到了亚洲。

东方对黄金的需求巨大，而且持续不断，以至于经济学家弗兰克·格雷厄姆和查尔斯·惠特尔西[35]将东方称为"黄金池塘"。当然，他们使用的"东方"这一概念带有西方中心主义色彩，将非欧美的亚洲国家笼统地放在一个界定不明晰的东方大概念中。爱德华·W.萨义德等学者曾从文化的角度，对强加于人的"东方"概念提出了大量驳斥，在理解黄金市场方面，笼统的东方概念同样会掩盖许多差异。事实上在黄金随着贸易渠道流动的过程中，从美洲和非洲寻找到的黄金，除了在西欧国家重新分配外，大量一路向东流向了中东（奥斯曼帝国）、印度和中国。

欧洲的黄金有很大一部分通过贸易被阿拉伯国家和印度吸纳，并留到了当地。欧洲人用黄金交换香料，以及丝绸。美洲的发现，以及从新大陆运来的大量金银，使欧洲在与亚洲交易货物时，比以往任何时候都有更充足的贵金属。

具有讽刺意味的是，欧洲人寻找东方航线的初衷是寻找那里的黄金。但环球航行打通了前往印度和中国的航道后，结果却是相反的：欧洲人不但没能从亚洲运走黄金，而是在贸易中将大量的贵金属输向了中国。同样的情况也发生在印度，在那里换取欧洲黄金的物品是棉布。此外，掌握东西方陆上通道的奥斯曼帝国也继续积累着财富。

从 1600 年明神宗年间到 1730 年清雍正年间的 130 年中，欧洲流向亚洲的黄金和白银的总量，超过了从美洲输往欧洲的贵金属数量。臭名昭著的英国东印度公司成立于1600年，在公司建立最初的25年里，金条和银锭在运往东方的货物里占据了大约四分之三的份额。黄金一点点流入亚洲并沉淀下来，不再进入贸易渠道。据估计，印度目前大约有2.5万吨黄金，就是从那个时期以来逐步积累出来的。

对黄金历史数据的挖掘类似于描绘一幅反映过去市场情况的写实画作，也要遵循远大近小的透视原理，即距离现在越久远时代的数据越少，离现在越近的资料越翔实。这种对"黄金池塘"的"透视"画法给研究带来一系列挑战，对"远期"市场的还原能力有限，而对"近期"市场则需要在明辨后删去大量细节，才能保证主线清晰。

由于缺乏海关数据和国际贸易数据的支撑，20世纪以前黄金的流动情况大都是从一些非系统化的叙述中得出估算值，黄金流动的"实锤"证据直到20世纪才越来越确凿。

东方"黄金池塘"对黄金的蓄积并非单向的，在金价平稳，或者低迷时，亚洲国家会持续吸纳黄金；而当金价上涨时，市场则会发生明显的"东金西移"，即"黄金池塘"发生"倒灌"，黄金在全球范围内进行重新配置。而且从时间线上看，这种黄金流动是周期性的，而且是有迹可循的。

在19世纪晚期，金本位制度被欧洲各国逐渐接受。从西欧的德国、法国、比利时、意大利、瑞士、荷兰，到北欧的丹麦、瑞典、挪威，再到南欧的葡萄牙、西班牙，各国先后效仿英国行之有效的金本位制，逐步在本国货币体系中将白银剔除出去，巩固黄金的地位，从而形成了国际金本位体系。从那时起，黄金正式在全球货币体系中扮演起最终支付手段的角色，各国也开始更重视黄金，因为贵金属的储备量与货币发行量挂起钩来。

那个阶段古典自由贸易理论大行其道，在英镑逐渐确立起全球货币地位的过程中，黄金则从澳大利亚、南非、加拿大等地向伦敦集中，确立起伦敦全球黄金金融中心的地位。当时的国际金本位体系以英镑为中心，在这一体系下足值的金币自由铸造、发行以及被熔化、回收，金币的数量在市场力量的调控下满足流通需要。在世界各地金币能够实现自由兑换，黄金和其他金属铸币，以及纸币之间的比价总体保持稳定；黄金也能在世界各国间自由输入和输出，这种流通性保证了统一的国际金融市场的形成。

金本位制作为一种相对稳定的固定汇率体系，促进了当时国际贸易的发展和国际资本的流动。这个阶段英、法、美、德、俄五国掌握了每年绝大部分黄金产量，黄金向亚洲移动的速度明显减缓。

东方的"黄金池塘"终究会发挥作用，打开龙头的是第一次世界大战后金本位制度的放松和 20 世纪 20 年代后期的"大萧条"。黄金流向发生逆转，从亚洲流出，经过欧洲最终集中到美国。

在影响世界的"大萧条"期间，不少国家选择放弃纸币与黄金储备之间的联系，不受金本位的限制大量印刷钞票，以刺激经济、促进复苏。由于印钞机上流出的纸币太多，各国同时限制本国的黄金流动，保护这种贵金属不会流往国外，从而导致黄金难以在各国间自由跨境转移。这种限制使金本位失去通兑的基础，随后，各国根据形势陆续实行信用货币制度，取代金本位制度作为替代方案。

为增加流动性，各国的公共开支在短时期内迅速增加。不少国家用印刷出的钞票从英国兑换黄金，导致英国辛辛苦苦积攒出的黄金家底迅速流出。和英国一海之隔的法国就抓住了机会，法兰西银行 1929 年 9 月突然从伦敦抽走大笔黄金，迫使英国不得不收缩银根。各国从伦敦兑换黄金的高潮发生在 1931 年，在当年 7 月 13 日到 8 月 1 日不到 20 天的时间里，英格兰银行就不得不从地下金库中搬出了价值超过 220 吨的黄金。

英国流出的黄金中很大一部分跨过大西洋流向了美国，这与 17 世纪的黄金流向恰好相反。美国总统麦金莱 1900 年宣布实行金本位制度，法律规定 1 盎司黄金可以兑换 20.67 美元。第一次世界大战期间，欧洲国家的黄金大量流向不受硝烟威胁的美国，美国纽约也借机一举成为可以和英国伦敦比肩的世界金融中心。在 1913 年至 1924 年间，美国官方黄金贮藏量从 2300 多吨增加到约 5500 吨，但那只是更大规模的流入的前奏。

流向美国的不只是欧洲的黄金，大量亚洲的黄金也经欧洲，再次流向了美国。在"大萧条"前后，有超过 1300 吨的黄金从印度和中国倾泻而出，进入世界市场，以往黄金的需求地变成了黄金供应来源。

印度和英国于 1931 年 9 月同时取消了黄金兑换标准，导致印度长期积累的黄金价值上涨，因此，印度能够通过在伦敦市场上出售黄金来缓解自身经济压力，同时也帮助其宗主国——英国应对经济萧条。据经济学家 B.R. 唐林生估计，在 1931 年至 I939 年里，印度净出口了将近 1200 吨黄金[36]。

贵金属交易商塞缪尔·蒙塔古的《年度金银评论》记载了 20 世纪 30 年代伦敦黄金市场上的黄金向西大规模流动的状况："从未有如此短的时间发生过如此巨大的黄金流动……所有邮轮的仓位都提前预订了，其他许多船只也比常规情况下更早被预订了，它们都被作为金条运输工具投入服务……美国财政部的官员对这次涌入感到不知所措。"[37]

1895 年，美国有 160 吨黄金储备，然而随着第一次世界大战中欧洲黄金的大量流入，在"大萧条"开始不久的 1930 年，美联储已经有 6358 吨黄金储备。虽然也经历了短期的挤兑和流出，富兰克林·罗斯福的"新政"让美国进一步成为"吸金石"。胡佛总统在 1933 年离开白宫时，留给继任的罗斯福总统一句名言："我们需要黄金，因为我们无法相信政府"。这也成为罗斯福为数不多地接受前任建议的领域。

美国总统罗斯福在 1934 年 1 月签署了《黄金储备法案》，将官方汇率改为 35 美元兑换 1 盎司黄金。在比之前高出约 40% 的价格的吸引下，包括印度和中国在内的世界各地大量向美国出售黄金，美国通过印刷美元对此照单全收，金条被源源不断地收到肯塔基州诺克斯堡的金库中。

第二次世界大战进一步加快了已持续 20 年的"东金西移"的步伐。当亚洲和欧洲都相继陷入战火后，美国成了世界的"安全岛"。一方面，大量财富涌入美国避险，另一方面，各国也动用黄金储备来向美国购买军火和其他战时急需的物资，这让美国的黄金储备进一步大增。据美国海关统计，从 1934 年到 1949 年，美国总共净进口了 1.4 万吨黄金。

到 1949 年，美国官方黄金储备达到 21707 吨，而当时全球黄金总量约为 69000 吨。美国财政部拥有超过 30% 的全球黄金储备，以及所有货币黄金的 70%，美国成为名副其实的"世界金库"。

在 20 世纪 30 年代的"东金西移"的浪潮中，作为世界市场一部分的中国也被卷入其中。有数百吨黄金从中国输出，流向西方。

由于经济压力增大，我国于 1935 年被迫放弃白银本位。我国的黄金储备成为接下来度过经济困难时期和战争开支的"宝箱"，在 30 年代，中国出口了约 230 吨黄金。黄金减少和货币信用下降同时发生，会对基本经济秩序带来冲击，杨小凯教授在《民国经济史》中指出："民国后期由于民国政府在战争中失利，金融财政体系崩溃，通货膨胀率高达 200%，人们纷纷抛弃纸币不用，而回到商品货币和以物易物的交易方式。"[38]

中国之前积累下的大量黄金在战火中损失惨重，且远多于主动出口的数量。据黄金研究学者简·斯凯勒斯估计，日本 1937 年从南京掠夺了高达 6600 多吨黄金[39]。日本宪兵特别行动小队将沦陷后的南京翻了个底朝天，扣押了中国政府所有财产，用炸药炸开银行的金库将其洗劫一空。日军也没放过民间财富，对城里的富户大肆抢掠，不放过任何黄金、白银、宝石等细软。从南京搜刮出的黄金被集中起来，一部分从上海直接装船运回日本，另一部分用火车、汽车运往东北处理。日军将抢掠的贵金属按照等级分类，金首饰被熔化后，重新浇铸成统一尺寸的金锭运回日本。

在抗日战争中，黄金作为战略物资的重要性凸显出来。日本侵略者从中国掠夺了数千吨黄金，将其作为军国主义扩张的燃料。同时中国政府也在国际市场上出售黄金，换取抗日急需的战略物资和粮食。在那一时期，中国的黄金储备不断缩减。

在连续近 20 年的日本侵华战争和解放战争的挤压下，中国的黄金持续外流，储备接近谷底。根据《上海地方志》记载，1949 年 5 月以后，整个上海地区最后只剩 6180 两（约 200 公斤）[40]黄金。这一数量不但难以支撑起上海作为金融中心的荣耀，金库被净空还对上海金融秩序造成冲击，带来严重的通胀。

几个世纪以来，黄金往复流动的钟声在不断回响，世界目前依然听得到布雷顿森林体系瓦解的余音。

第二次世界大战结束前"东金西流"的大潮，让全球的黄金——至少是官方储备黄金高度集中到了美国。但这种集中并没持续多久，20 世纪 60 年代后期，黄金逐渐离开美国，开始新一轮的"西金东移"。

2000 年，美国的官方黄金储备为 8139 吨，仅是 1949 年储备量的 37.8%，这意味着在 20 世纪的下半叶，平均每年都有 271 吨黄金流出美国，这是美国维持美元体系的代价。美国黄金减少主要出现在 20 世纪 60 年代，当时有超过 1 万吨黄金向东流到了欧洲——因为那里的黄金价格更高。

虽然在布雷顿森林体系下，35 美元兑 1 盎司黄金被认为是固定的全球价格，但实际上并非如此，不同地区存在不同幅度的黄金价格升水，其中最明显的是在全球黄金交易中心伦敦。由于担心日益债台高筑的美国财政危机将导致美元贬值，1960 年 10 月出现了一波挤兑美元、抛售美元债券和抢购黄金的浪潮。这股挤兑风潮短期内席卷全球金融市场，以美元计价的黄金价格被不断推高。在伦敦黄金市场上，金价一路上涨到每盎司 40.6 美元，这比美国长期以来规定的每盎司 35 美元的官方价格高出 16%。

为了寻求套利交易，更多黄金跨越大西洋从美国流向欧洲。美国为了维护美元的稳定，先是知会英国的英格兰银行敞开销售黄金，从而在供应端平抑伦敦市场的金价。由于市价和官价之间存在差价，英国央行在销售黄金中遭受的损失，由美国拿出黄金储备进行弥补。为了形成规模效应，美国联合英国、法国、西德、意大利、荷兰、比利时和瑞士这八个国家，于 1961 年建立了黄金总库。八个国家的央行共拿出 200 吨黄金准备投入市场，英格兰银行作为黄金总库的代理机关，负责维持伦敦黄金价格稳定，阻止外国政府用持有的美元超量从美国兑换黄金。黄金总库所需的 200 吨黄金，美国拿出一半，其余的 50% 由另外七个国家按不同比例分摊。美国牵头建立黄金总库的目的，表面上是为了抑制伦敦金价上涨的势头，实际上则是为了捍卫美元霸权，防止美元汇率超跌。

在"西金东移"的浪潮中，200 吨黄金不久就被潮头吞没。按照黄金总库建立的初衷，当伦敦市场上金价超过或低于每盎司 35 美元的官价时，黄金总库就会介入卖出或买入黄金，以公开市场操作来平抑金价。然而由于美元地位日益下降，需要出售黄金的操作越来越频繁，同时基本很少出现买入交易，这种单边的黄金流出使黄金总库的"库存"逐渐坐吃山空。

由于总库中流失的黄金大部分由美国承担，所以美国的黄金储备持续减少。1965年初，美国黄金储备跌至1937年来的最低点，和1945年的高峰时期相比减少了40%。占全球黄金储备的比例也从75%降至40%，后来进一步降至30%以下[41]。

20世纪60年代末，陷入泥潭的越南战争和约翰逊总统推动的"伟大社会"计划[42]导致美国陷入通胀，美元不断走弱，美国的国际收支赤字大幅增加。弱势美元推动国际金价大涨，黄金总库再次遭遇打击。1968年3月出现了黄金东移的阶段性高峰，在上半个月美国就流出了价值14亿美元的黄金储备。仅在3月14日一天，伦敦黄金市场的成交量就达到近400吨，这一破纪录的交易量背后是黄金流出，这使得伦敦黄金市场被迫紧急关闭。黄金总库在与市场较量了7年后败下阵来，成为一个历史名词。

在黄金总库垮台3年后，美国政府在1971年干脆终止美元兑换黄金，并先后两次让美元贬值。美国政府在8月15日宣布实行"新经济政策"，停止履行外国政府或中央银行可以使用美元从美国兑换黄金的义务。这标志着"西金东移"的大潮彻底吞噬了布雷顿森林体系，从那时起，残缺不全的金汇兑本位制正式宣告崩溃。

在金汇兑本位期间，美国黄金储备从1949年高峰期的248亿美元，降到1960年的178亿美元。1968进一步下降至121亿美元，谷底则出现在1972年，当时黄金储备一度跌至96.6亿美元。这意味着在二战后20多年里，有超过150亿美元的黄金向东流动。欧洲，以及中东，则像干枯的海绵一样重新吸纳了这些黄金。

1968 年 3 月伦敦黄金总库崩溃时，伦敦黄金市场上的黄金一路向东，通过黎巴嫩的贝鲁特分销点向中东供应了绝大部分黄金，并直接向巴林、科威特、叙利亚、利比亚、土耳其和沙特等国家供应了数以百吨计的黄金。在布雷顿森林体系固定金价时代，贝鲁特是中东最大的黄金交易中心，用高于每盎司 35 美元的价格向周边国家提供现货。

20 世纪 70 年代中期的黎巴嫩内战将中东黄金贸易推向沙特阿拉伯的吉达和阿联酋的迪拜。吉达位于红海的战略要冲，历史上一直是重要的黄金交易中心，它为包括埃及和非洲东北部其他国家在内的周边黄金市场提供服务。迪拜的黄金贸易也从 20 世纪 70 年代起开始变得越来越重要，逐渐成为从欧洲向印度、巴基斯坦、伊朗和该地区其他市场的黄金转口贸易中心。

中东黄金市场在 20 世纪 70 年代进一步壮大，因为布雷顿森林体系瓦解与石油危机几乎同步出现。脱离了黄金束缚的美元，通过重新锚定在石油这种最重要的大宗商品上，再次获得了充当世界货币的底气。而收获了大量石油美元的中东人，除了买入美债外，也买入了大量黄金，这使得黄金进一步东流。

著名作家蒂莫西·格林在 1987 年出版的《黄金的前景：展望 2000 年》一书中提道："在过去的二十年中，近 8000 吨的黄金已流入到北非沿岸的摩洛哥和埃及以及土耳其和海湾的沙特阿拉伯等国，此外印度次大陆和东南亚的国家也吸收了不少黄金。"[43]

这些国家都有一个共同点：金融服务系统不发达。由于人们去银行并不便捷，或者对银行并不信任，人们都习惯于换回大量的金饰藏在床垫下，将其作为一种多元化和抗风险的投资方式。聚沙成塔，集腋成裘。久而久之，大量黄金沉淀在了这些国家的民间。

在 20 世纪 60 年代，黄金从美国流向欧洲，再从欧洲流向中东的同时，在更东方的印度和香港的黄金市场也在发展壮大中。从印度的金饰小镇到阿联酋的黄金巴扎，繁荣的黄金零售市场反映了民间藏金的传统。在当地的市场上，既有 18K 到 22K 的黄金珠宝，也有当地铸造的金币，还能找到公斤制的金条和各种规格与分量的小型金条，它们在当天基准金价的基础上，加上不高的本地溢价出售，市场交易活跃。持有黄金的人对金价变化敏感，会在金价走低时大量买入，并在金价高升时卖出，以赚取利润。

黄金的流动从来都不是单向的，而是双向的大通道，指挥交通的则是价格。受到周期性需求的影响，金价在低位时往往会出现西金东流，从中东到南亚再到东亚的国家都会成为黄金蓄水池，当金价上升时，黄金会从这些国家流出，并再次进入苏黎世的精炼厂和伦敦的金库，出现东金西移的局面。就是在这样的"价格交通灯"下，20 世纪 70 年代后期的黄金牛市，黄金西流的绿灯亮起，彼时瑞士的黄金进口量大增，以满足当时银行增加投资组合的需求。

从 20 世纪 70 年代起，价格成为黄金流动变化最明显的信号。21 世纪以来，人们经历过 2013 年的金价断崖下跌，或者惊讶于 2020 年的大幅波动，但这些和 1980 年的"疯狂 1 月"比起来都是小巫见大巫。在 1980 年头两个交易日，金价从每盎司 110 美元垂直升至 634 美元，到三周后的 1 月 21 日，黄金触及 850 美元的历史高位，并将这一纪录保持了 20 多年。不过攀高后的第二天，1 月 22 日，金价就高台跳水。之后两年的价格高峰也仅为 599 美元。这样大幅波动的黄金，明显不具备货币属性和避险资产的"人设"，但却迎合了投机者的需求。

在 20 世纪 80 年代中期金价一蹶不振时，瑞士的黄金持续向东净流出，当时欧洲投资者卖空黄金，同时在中东和东南亚的实物黄金交易则因价格下跌而繁荣。这种繁荣一直持续到世纪末，在那十多年中，黄金持续流入东方，直到迎来世纪之交的"超级牛市"。

随着新兴市场国家的快速发展，世界重心逐渐东移，财富也史无前例地向东方转移，黄金也是这些财富中的一部分。

2001 年，投行高盛的首席经济师吉姆·奥尼尔在编号为 66 号的高盛全球经济报告《构建更好的世界经济：金砖国家》[44] 中，将中国、俄罗斯、印度和巴西四个国家各取首字母，首次提出"金砖四国"（BRICS）这一概念，认为这些国家有巨大的经济发展潜力，会改变世界经济格局。之后的事实证明了奥尼尔的远见，他画出的"重点"也改变了黄金版图。

中国和印度是全球排名前二的黄金消费国，中国、俄罗斯和巴西都是排名前十的黄金生产国。2011 年最先"候补"进入金砖国家名单的南非，曾经是全球最大的黄金生产国，现在同样也能名列前十 [45]。

"金砖国家"是 21 世纪以来最有经济活力的新兴市场国家的代表，这些国家以历史上最快的速度减少了全球的贫困人口，改变了世界经济版图，同时也分散了黄金的需求，让黄金以更快的速度从西方流向东方，催生了一个持续十多年的"超级牛市"。

黄金的跨境流动是有迹可循的，找到黄金通道就能清楚地洞悉这种金属流动的轨迹——世界顶级情报机构很早就注意到了这一点。

在半个世纪前上映的邦德片《007 之金手指》中，007 就在跟踪黄金的跨界流动 [46]。影片设定的背景是世界各国突然发现黄金大规模跨境走私，黑市交易繁荣。虽然不少国家都对持有的金锭做有标记，可这些金锭经过融化重铸后就毫无迹象可寻。英国政府怀疑绰号"金手指"的富商主导了全球黑市黄金交易，因为他作为跨国商人能够合法拥有并使用大型黄金精炼和铸造设备，"金手指"在瑞士拥有一座珠宝加工企业。因此特工 007 沿着走私通道顺藤摸瓜，从伦敦一路跟踪"金手指"到瑞士的黄金精炼厂。

电影是现实的投射。在近几年"西金东移"的大潮中，007 走过的从伦敦到苏黎世的路线，也正是黄金从交易中心流往新兴市场过程中的重要一站。每年都有大量黄金从伦敦的金库流出，在瑞士的黄金精炼厂重新熔炼后被卖往东方。

黄金自 21 世纪以来进入了一波价格连续上涨的"超级牛市"，中国和印度等亚洲新兴市场国家黄金需求旺盛，在此带动下，一场声势浩大的"西金东移"运动开场。在过去的 20 多年里，每年都有大批金条从全球黄金交易中心伦敦的地下金库中被取走，运往 700 多公里之外的瑞士苏黎世重新熔炼。在瑞士的精炼厂里，400 金衡盎司一块的金砖重铸成符合亚洲市场度量衡标准的以克计重的金条，然后被运到香港这个东方最大的自由港分销，这条"伦敦—苏黎世—香港"的路线也在黄金行业内被称为黄金东移的"金光大道"。

"金光大道"的打通是黄金需求转移的必然结果。1970 年，北美和欧洲的黄金需求共占全球需求的 47%，2010 年下降至 27%，到 2015 年欧洲的黄金需求只占全球的 10%，美国则更是只占 7%。美国和欧洲在黄金需求方面减少的份额被南亚次大陆和东亚填补，南亚和东亚的黄金消费占全球的份额从 1970 年的 35% 一路上升至 2010 年的 58%。在"超级牛市"期间，"西金东移"成为全球性趋势，大量的黄金通过"伦敦—苏黎世—香港"这个通道从欧亚大陆的西端流往东端。

由于东西方在衡量黄金单位上的差异，使得"伦敦—苏黎世—香港"这条黄金通道生意兴隆，其中苏黎世扮演着精炼中心的重要角色，即将从伦敦运来的 400 盎司一块的金条，重新熔炼成符合东方习惯按克计量的金条。这种烦琐的过程除了创造统计学上的 GDP 外，并不创造额外的产品，但凸显出当年秦始皇统一度量衡的重要性[47]。

实物市场能更明显地体现出需求的力量。在即期和远期领域，传统欧洲中心的影响力则更显得根深蒂固，在伦敦黄金市场上，无论改革前后都是一直使用盘司作为基本交易单位，这一传统已经延续了超过 200 年。可是这样古老的传统也逐渐感受到市场的力量而逐渐转变。总部设在伦敦的世界黄金协会讨论为公斤金条设立一个全球标准，以使之能用于期货市场的担保品。

其实在亚洲公斤制的金条合约早就成了标配，除了中国的黄金交易所外，一些其他著名交易所也都陆续推出了公斤黄金合约。芝加哥商品交易所（CME）所旗下纽约商业交易所（COMEX）[48] 在 2015 年初挂牌上市了一种能够在香港保管库实物交割的一公斤黄金期货合约，该产品通过 CME Globex 电子平台、场内公开喊价以及 CME ClearPor 多种渠道交易，在芝加哥商品交易所清算。此外，芝加哥商品交易所的一公斤黄金期货在 2017 年 6 月首次在香港完成交割，这是它历史上首次在美国境外完成贵金属实物交割业务。除了芝加哥商品交易所外，香港交易所也推出黄金期货合约规模为 1 公斤的产品，这些产品设计都是为了更贴近亚洲市场的需求。

东方对黄金的实物需求决定黄金的价格底部，而西方对黄金的金融产品需求，则左右黄金的价格顶部在哪里。

在金融资产推动金价高涨的时候，拥有现货的东方投资者或者出售持有的黄金，或者将黄金抵押进行融资。在黄金的周期性流动中，繁荣期里，黄金都是从东向西流动。之前的两个黄金繁荣期持续时间分别为 7 年和 9 年，本轮繁荣期从 2015 年算起，意味着黄金向西流动的下一个节点即将到来。

黄金在 20 世纪 70 年代美苏争霸的对抗中获得机会，在 80 年代以撒切尔里根主义为代表的新自由主义大流行中被"打回凡间"，整个90年代都是自由主义高涨的时代，在华盛顿共识下，黄金的生存空间越来越小，逐步被驱逐出货币领域。

改变这一趋势的是来自民族主义的反弹，"911"是民族国家对自由主义主导下的全球化的极端反应。"美国统治下的和平"延续了十多年，但从世纪之交开始，从政治上的地区冲突到文化上的宗教隔阂，再到经济上的欧元推广，在多元化的世界里，黄金仍有一席之地。

全球化让民族国家寻求完全经济独立的努力难以为继，互联网更让身份认同进一步碎片化，货币本来是硕果仅存的一些黏合剂和象征物，但也同样面临来自现实和理念的双重冲击。恐怖袭击、地区冲突、金融风暴、难民浪潮……接踵而至的冲击让21世纪都不安宁，再加上气候变化这一越来越清晰的长期危机，让自由主义勾画出的乐观世界蒙尘，也让对冲风险成为现实选择。

在21世纪的第一个十年，民族主义在非自由主义传统的范围内滋生壮大，这可以看作是对外来压力的应激反应。2015年后，更极端的民粹主义在自由主义的大本营内滋生。在一定程度上，民粹主义是对2008年金融危机反思的结果，而那场危机正是延续了近30年自由主义的产物。民粹主义被当作自由主义的解毒剂，民粹领导人也成为带领国家走出危机的希望。

2015年以来是金价上涨的时期，也正是政治上民粹主义兴起的时期。从美国的特朗普到匈牙利的欧尔班，从印度的莫迪到土耳其的埃尔多安，一批带有明显排外和专制风格的领导人上台，更别提中西欧还有一批虽未上台，却获得巨大影响力的民粹政党，这种变化带来了新的不确定性。黄金也成为自由主义的对冲选择。

从那时开始，无论是占领华尔街，还是茶党运动，抑或是民粹主义的兴起，都是对自由主义的不满表达。这种宽泛的反抗往往同时集中了多种不同的逻辑，既有表现为传统劳资冲突的反抗运动，也有因大规模失业而把经济参与者从市场中驱逐出去的运动。无论哪种运动，都会影响到货币，看看诸如在阿根廷和土耳其发生的事情就会明白——对稳定货币的追求是各类运动的共同诉求。由于他们缺乏逻辑严密的规范和复杂精致的话语体系，黄金这一已经验证过的现实选择，能够提供对未来的稳定预期。在这样的政治经济学背景下，特别是在动荡更为剧烈的欧美市场，对黄金的需求从 2015 年后逐步增加，导致黄金从东方流向西方。

在属性中立的货币眼中，自由主义不等于进步，民粹主义也并非反动。不同政治派别对黄金的需求有所不同，黄金不做选择题，但人们却会选择黄金，而且将其作为一个常选项，黄金西流的步伐不会停滞[49]。

民粹主义者带来了"美国第一"的标语，同时带走了强势美元的周期。在不断走弱中，美元本已羸弱的霸权地位会进一步松动。在《权力的游戏》里有"孤狼死,群狼生"的说法，在金本位制度下，黄金扮演孤狼的角色，而各种货币组成了群狼；现在美元成了孤狼，黄金是撕咬衰落美元霸权的群狼中的一员。

黄金之狼在不断逡巡，寻找美元霸权的弱点。

第二章

眼花缭乱间，
哪种黄金产品好？

假如有外星人对地球进行观察的话，或许会觉得黄金生产是个颇为怪诞的过程：数以百万计的人辛辛苦苦地忙碌着，在荒郊野地勘探寻找一种储量并不丰富的金属，找到后从地底开采出矿石，然后再经过冶炼、精炼等环节，好不容易才从每吨矿石中提取几克的金属。人们小心翼翼地运输这些金属，然而最终却又将它们摆得整整齐齐再次存放回到地下，妥善保存。

在过去 5000 多年里，人类已经在这一怪诞过程中生产出了超过 21 万吨黄金，同时地下还有大约 6 万吨黄金尚待挖掘——按照目前每年 3000 多吨的黄金生产能力，理论上地下的黄金会在 2050 年前挖完。

挖出 21 万吨黄金消耗了古往今来无数人力物力。本来在自然界里随机分布的黄金，成为一部分人专享的金属，成为一部分人眼中的奢侈品，也成为一部分人只听过名字的财富象征。但无论什么情况，只要有可能，每个人的资产配置里都应该配置一些黄金。

钱包里有些黄金是长远保障。在 2023 年后金价屡次创下历史新高，2013 年"中国大妈"大举购买黄金的一幕又再次出现，这次年轻人也在社交媒体的带动下加入了购金的行列。"小红书"等社交媒体上"攒金豆"蔚然成风，博主们纷纷表示爱上这种"花了钱但其实又没花的感觉"。

一、为什么钱包里要有点黄金？

世界杯四年一届，老牌劲旅和新晋黑马各领风骚，两翼齐飞和防守反击百花齐放……而所有"杀"入最后阶段的队伍都有一个共同点：拥有一位杰出的门将，以出色的发挥守住了球队的底线。

资产市场中一揽子投资方案要想表现出色，同样需要稳健的守门员，而黄金则在扮演着这个角色。在资产组合配置里，风险投资属于攻城略地的前锋，可以错失十次机会，但只要抓住一次就能获得足够的收益；股票和基金属于进可攻退可守的中场，流动性好，参与度高；以国债为代表的固定收益债券是后卫，要求状态不能有大起伏，密织资产安全防护网，金边债券一般不会出事，一旦出事就会是诸如一国债务违约这样的大事，对资产安全构成重大风险。

不过好在后卫的身后，还站着一位门将，构建起资产安全的最后防线。在资产前锋、中场和后卫身后的是黄金这个守门员。黄金一方面具有商品属性，另一方面也具有货币属性，既能对冲风险，又能应对通胀，确实像是站在球门线上那个三头六臂的门神。虽然这位门神不会生息，且要付出持有成本，但在专注度等方面却从不会让投资者失望。

基于黄金稳健的"守门"表现，市场上出现了"黄金+"的概念，即在投资组合中加入一定比例的黄金，加强组合抗风险能力并提高风险调整后的收益。其实这个道理就像各支球队都要带上放心的门将一样，近年来，部分全球官方机构和大型机构投资者将目光转向黄金，包括全球各国央行、主权基金、养老金、商业基金产品等组合中都越来越重视黄金配置。

球场上兵无常势，教练会让球员摆出"442""343""451"等不同的阵型，但无论前面十名球员如何站位，门将却一直岿然不动。资产市场更是风起云涌，黄金也正由于不动如山的稳定表现，征服了投资者，期望其能在滞胀风险影响全球资产和国内外经济不确定性仍存的背景下改善组合表现，分散投资组合风险。

黄金的存在对稳定机构的投资组合有重要意义，对个人投资者来说同样如此。

在任何一部所谓的"投资圣经"中，总会有人不厌其烦地宣称黄金是一种避险资产，在金融危机爆发或者通货膨胀高企的时候，就是金价大展身手的高光期，能有效保护资产。于是有种普遍存在的观点认为，将总资产中的 5% 配置为黄金，是一种稳妥的做法。

然而这种稳妥的做法是最好的做法吗？比较一下不同的投资组合就能得出结论。可以将投资组合分成两组范式：第一组就是 5% 的黄金，考虑到普遍性，另外 95% 的资产可以选择基金或者股票。第二组范式则是黄金与基金各占一半。

放在一个较长的时间段里，我们能看出这两种配置范式的收益差别。2000 年 7 月上证指数在 2000 点左右，同期金价大约每盎司 300 美元。到 2024 年 7 月，上证指数为 2900 点，金价约 2300 美元。在过去 25 年里，如果投资股市，买入盯住上证指数的基金，那么可能拿到 45% 的收益率，而一直持有黄金则有 767% 的收益率。

在黄金和基金按照 5 ∶ 95 配置的第一种范式里，从 2000 年 7 月到 2024 年 7 月的收益率远不及 50 ∶ 50 配置的第二种范式。之所以会出现这种情况，一方面是由于股市在 2008 年的一轮行情后就长期陷入低迷，实在说不上是一个让人满意的对比项；另一方面则是因为黄金在 21 世纪以来曾出现了连续 12 年增长的"超级牛市"，在经过 3 年的调整后，又用了将近十年再次冲高。

但是这就能说明黄金是更好的投资资产，因此必须提高黄金在投资中的占比吗？那也不一定，因为回报率与选择的时间段有很大关系。比如考量 2013 年 7 月到 2017 年 7 月这 4 年里的收益就会得出不同的结论：2013 年第二季度黄金出现"断崖式"下跌，金价跌至每盎司1300 美元，当时的上证指数为 1980 点左右。如果从那时开始持有黄金，在 4 年中扣除通货膨胀因素的话，黄金实际上收益率为负。反观股市，虽然也在那之后经历了一场过山车式的波动，但到目前的收益率至少是正值。因此在特定的时间段里，持有黄金比重较少的第一种范式的收益率要高于第二种范式的收益率。

那么究竟什么情况下能够多配置一些黄金，什么时候应该秉承教科书里的"5%原则"呢？这和市场的宏观环境有密切关系。在2000年到2024年的长时段里，出现网络经济泡沫破裂、堪比"大萧条"的华尔街金融风暴以及新冠疫情全球传播这三次大的波动，因此出于避险需求，从长期看金价表现较为出色。

其实黄金还是在兢兢业业扮演资产守门员的角色，并不能指望它有进球的表现，但在场上局势岌岌可危、风雨飘摇的阶段，正是其大显身手的良机，相比之下股市擅长的则是攻防有序，能够展示爆发力的局面。

足球场上有句话叫"一个好门将能顶半支球队"，在投资方面同样如此，黄金就是钱包里的守门员。黄金的商品属性和货币属性，让其在投资领域里牢牢占据一席之地。当然，门将也分众多类型，有擅长扑救的，有擅长出球的，黄金同样如此。黄金投资产品种类繁多，有饰品、有金条、有理财……各类产品各有优劣，要根据自己的需求选择。

二、黄金首饰地位在动摇

现在人们一提到黄金，就会联想到财富，还时不时地往这种金属上添加避险、抗通胀等各类属性。可我们的老祖宗最早邂逅这种闪闪发亮的金属时，只是单纯觉得漂亮，于是用这种质地细腻且延展性好的金属去打造首饰。

爱美之心，人皆有之。正是这种刻在骨子里对美的追求，让黄金走进人类文明，并伴行至今。金饰是人们最喜欢的黄金形式，现在每年生产出的黄金中，很大一部分都以各种形式被装进了首饰盒里。

黄金饰品不仅具有美观功能和美学价值，在金融危机等非常时期更是财富的避风港。制作饰品的贵金属材料让饰品拥有内在的价值，这种价值让饰品拥有了稳定性和安全性。金饰不但有"硬核"的内在价值，更有绚烂夺目的外在形式，它们可以满足人的消费需求和审美需求，让佩戴者感到欢愉和满足。

读懂金饰，就读懂了大半个黄金世界。其实这种金属很多时候并不复杂，首先美美地就好了。

金饰之美也在变化中。2020 年春开始的新冠疫情改变了世界，也改变了以稳定著称的黄金。

新冠疫情给黄金市场带来一系列变化，最明显的并非是黄金的需求量在近十几年中首次降到不足 4000 吨，也不是矿山开采量减少，而是市场结构发生显著变化：黄金的投资需求一度超过饰品需求——虽然这种格局只出现了一年，但也是破天荒头一次。

金饰在黄金应用中维持了上千年的霸主地位被稍稍撼动。饰品是人类最古老的黄金使用方式，比如古埃及法老的金面具就比吕底亚王国发行的金币要早近千年[50]。金饰的需求贯穿古今，20 世纪 70 年代布雷顿森林体系解体后，美元有目的地推动黄金去货币化，"黄金无用论"一时喧嚣尘上。在此影响下，黄金不断在货币领域退缩，而金饰几乎成为黄金唯一的用途。20 世纪 90 年代，在黄金需求的总量中金饰占据着超过八成的份额。

饰品市场一"感冒"，黄金行业就要"打喷嚏"。对于整个黄金行业来说，健康发展的前景不能仅仅依靠人们穿金戴银的审美需求单独驱动。为扭转黄金的公共形象，重塑其作为最后支付手段、对冲金融风险、抗击恶性通胀的金融属性，成为黄金行业必须完成的任务。

于是在世纪之交前后，一场规模浩大的公共关系活动逐步展开，黄金的功能被重新定位，让黄金再次进入投资者的视野，新的黄金投资产品也被开发出来。

时来天地皆协力，大宗商品领域"超级牛市"的出现，改善了盈利前景，也让黄金重新定位的公关活动变得更容易被接受。当然，从另一个角度看，黄金被重新纳入投资领域的行动促进了需求，助推了"超级牛市"的到来。从个人投资者到机构投资方，再到各国央行，各类资金逐步回到黄金市场中。

十年种树，十年开花，十年结果。通过之前 20 多年的不懈努力，黄金需求多元化次第推进，最明显的变化是金饰的需求占比，已经从之前的超过八成，2010 年后被逐步调降至 50% 左右。到 20 年代的头几年里，饰品在黄金需求中的占比进一步减少到 45% 左右，到 2024 年这一占比已经降至略高于 40%[51]。和 30 年前相比，金饰的占比几乎已经腰斩。

金饰占比下降是两方面的原因导致的。从黄金市场的供给看，从 20 世纪 80 年代初到 21 世纪 20 年代初的 40 年里，全球黄金矿业的产量和可回收利用黄金的产量几乎翻番，这使得一度占据 80% 黄金需求的金饰占比被不断稀释，金饰的需求也在下降。不但传统的黄金饰品需求大户印度连续出现"消化不良"的迹象，就连金融危机后金饰消费温和上涨的美国市场也出现了扭转的趋势。

金饰需求缩减并非新近才出现的现象，早在 21 世纪初的"超级牛市"中就已见端倪。世界黄金协会曾经牵头发起过一场"金饰拯救运动"，但效果并不显著。

珠宝饰品行业对黄金的影响减弱和这个产业不断被推向产业链的下游有关。之前饰品生产商会直接和矿产商对话，而现在则要和交易所或者精炼商打交道。中间环节的增多虽然使黄金产业链更加专业化，但同时也让每个环节的话语权缩减，只能更多地依赖于高度分工化的体系。

饰品制造中心的转移也削弱了需求方和供应方之间的直接联系。之前的意大利和法国的饰品生产商习惯于直接和矿产商沟通，但随着饰品制造中心被东移到土耳其、印度和中国，一些欧洲传统的产业链被打破，新兴的饰品生产商从交易所和精炼厂那里找到全新的原材料供货渠道。

消费者消费习惯的变化也同样对金饰需求不利。购买力迅速上升的"千禧一代"偏好将收入花在诸如旅游等体验项目和经历中，而非包括金饰在内的实物消费上。在投资方面他们的风险偏好更大，更愿意买入股票甚至比特币这类资产，而不会考虑被视作"老奶奶资产"的黄金。即使买入，也会考虑金豆等网红类产品，而不是一个金手镯。

金饰在黄金市场中所占的比重缓慢下降是近 40 年来的趋势，其让出的份额被金条和金币等投资产品、出现 20 多年的黄金 ETF、各国央行收储以及不断扩展的工业用途所占据。当然，从另一方面看，金饰在黄金市场中仍占据举足轻重的地位，毕竟其他所有的需求捆绑起来所使用的黄金数量也就和金饰不相上下。

金饰在黄金需求中占比的逐步下降，是在全球黄金需求不断增加的基础上发生的。这也意味着整个黄金市场在扩大，新需求在不断增多，金饰虽然占比下降，但总的绝对需求量并没有减少。在 2010 年到 2019 年的十年间，全球黄金饰品需求总体保持在 2000 吨上方[52]，同期黄金投资和央行购买变得更加积极踊跃，这两方面需求叠加起来已经逼近，甚至还有一年短暂超越了金饰需求。这种变化说明全球黄金市场在逐渐摆脱金饰的单一驱动，进入多轮驱动的阶段。

在这场变化中，最重要的是金饰行业自我定位的变化。需要认清的一点是虽然行业里已经无数次地听到过"复苏"的声音，但所谓的反弹再也不可能回到当年雄踞八成的高度。如果一直在"追忆似水年华"，那将无助于金饰市场的发展。这种有限度的复苏更现实的参照系是过去五年的平均金饰需求量，只要超过这一水平，就足以称得上"小阳春"了。

金饰在黄金总需求中的占比在下降，而在金饰消费内部，中国、印度、欧美和中东四大板块也呈现出不同的特点。

2024 年春节期间，过年与情人节的叠加让不少金店的柜台前都挤满了选购金饰的人群。顾客盈门让金店过了个好年，更锦上添花的是一份响当当的成绩单被拿了出来：中国超过印度成为全球最大的金饰消费国这一消息上了热搜。

得到全球第一的宝座固然荣耀，在社交媒体的放大下，全社会掀起了一波颇有全民参与感的狂欢，仿佛走入金店，就会为这个"世界第一"贡献出一份力量。宣扬这顶金饰全球桂冠，对于整个黄金行业的对外形象打造自然是颇有裨益的，但对于行业内来说，这个头衔并没有太多惊喜，而且也不新鲜。

按照世界黄金协会的数据，2023 年中国金饰消费同比增加 10% 至 630.2 吨，而印度的金饰购买量则比上年减少了 6%，只剩下 562.3 吨，这意味着中国反超印度成为全球最大的金饰消费国[53]。但只要稍微拉长观察的时间线，就会发现中国人并非第一次买这么多金饰，甚至中国金饰消费超过印度并非新闻，倒是去年印度超过中国才更像一次意外。

在 2019 年到 2023 年的 5 年间，除了 2022 年印度金饰消费以 600.6 吨比 570.8 吨超过中国外，其余四年都是中国金饰消费更多。从 2019 年到 2023 年，中国金饰年均消费量为 585.3 吨，印度同期年均金饰消费为 526.9 吨。

2022 年中国金饰需求下降，很大程度上是受到了当时新冠疫情的影响。在疫情结束后，金饰市场很快恢复繁荣。其实中国的金饰消费对标的基准从来都不是印度或者其他任何国家，而是自身。2023 年 630 吨的消费量虽然已经高居全球第一，但和 2021 年 674.6 吨的消费量相比仍有不小差距，更不用说和 2015 年的 753.4 吨相比，减少了约 20%。

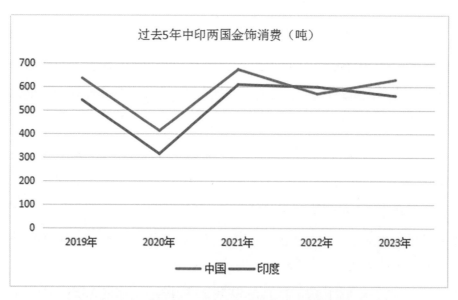

图 13　2019 到 2023 年五年中印两国金饰消费走向（数据来源：WGC）

虽然有统计显示印度人口已超过中国，成为全球人口最多的国家[54]。但印度的黄金消费市场规模至少目前还赶不上中国。中印两国的本地金价都围绕伦敦金价格略有溢价或折价，但两者总体走向一致。同时中印两国人均 GDP 的差距较大，这导致对金饰的购买能力有一定差距。比如 2023 年中国人均 GDP1.27 万美元，印度人均为 2456 美元，前者是后者的大约 5 倍。如果按购买力平价计算，中印人均 GDP 差距会缩小到大约 2.6 倍，但即使如此也意味着中国的金饰消费能力要大大高于印度。因此中国金饰消费量更高，也是顺理成章的事。

虽然印度快速增长的人口和不断提高的收入可能会对中国金饰市场的领先地位构成威胁，但至少在 21 世纪的第三个十年里，中国金饰消费超印度并非新闻，反而被逆袭才是新鲜事。

在黄金饰品领域，"印度新娘"是一支声名显赫的需求力量。根据印度传统文化和风俗，新娘们在出嫁时从头到脚都会带上各种各样的金饰。

金饰对"印度新娘"来说，不仅仅是婚礼上的装饰，更是一种必要的投资和传统生活方式的体现。印度人一生都会购买黄金，而且买金、存金的习惯代代传承，他们对黄金的需求极具刚性，价格波动对购买的影响不大。比如 2023 年金价大涨，但印度全年的金饰需求只微跌了 6%。在印度整体黄金珠宝需求中，有超过七成是为婚礼准备的金饰。印度新娘的影响力在该国南部尤为显著，特别是在广大农村地区，婚礼更偏向传统，对金饰的需求量更大。

印度的金饰需求呈现明显的季节性波动，因为每年从 9 月开始的一连串宗教节日，开启了盛大的婚礼季[55]。在婚礼上，打扮得漂漂亮亮的印度新娘所佩戴的金饰却有可能遇上成色虚标等问题。

印度金饰消费主流趋势呈现出"农村包围城市"的特点，而该国中小城市、乡镇和农村地区的金饰消费者通常受到黄金纯度不足的困扰。整体而言，印度市场上的黄金珠宝通常有 10% 到 15% 的纯度不足。这意味着当一位印度消费者花了 10 万卢比购买一件足金饰品，而到手黄金的实际价值可能仅有 8.5 万到 9 万卢比。金饰的成色虚标和分量不足不但损害消费者利益，更阻碍了印度黄金货币化的进程。面对这种情况，印度从 2021 年起强制推行金饰堂标制度[56]，以加强对金饰市场的管理。

按照印度政府的计划，对黄金珠宝使用堂标体系做标记，能够提高金饰的质量、增加销售过程的可信性，还能保证黄金纯度和成色，提高客户满意度。

使用堂标能为金饰买家在选择商品时提供有效的参考，为他们遴选关键信息。印度的检验和认证中心数量已从最初的 454 家翻了一番，达到 945 家。这些认证中心理论上每年能给大约 1.4 亿件珠宝饰品在检验后打上堂标，但由于对金器检验力量不足、检验手续烦琐、成本居高不下，虽然已经经过了多年的推广，但截至 2024 年初，印度标准局（BIS）制定的堂标计划只涵盖四成出头的黄金首饰。印度政府之前预计堂标的使用以 25% 的年增长率迅速增加，但现实推广远达不到这一速度。

虽然印度在堂标在推广上有进展，但距离满足全部需求还有不小的距离。根据世界黄金协会的数据，印度珠宝商对堂标认证的参与度依旧不高，该国约 40 万家珠宝商中只有不到十分之一获得了 BIS 认证。

根据印度的堂标推广计划，珠宝商最终需要注册属于自己的堂标才能在市场上合法销售珠宝。印度各地的珠宝商根据堂标使用指南，可以为 14K、18K 和 22K 的黄金饰品加上堂标后出售。强制性堂标会保护金饰购买者免遭纯度不足的骗局，买家能够凭借一组四种堂标符号来识别黄金产品的纯度等关键信息，比如购买带有 18K 认证堂标的黄金产品意味着该产品中有四分之一的材料是由合金构成。除了已经使用的三组堂标外，20K、23K 和 24K 黄金饰品也在研究如何使用堂标进行标记。

印度政府对推行堂标体系寄予厚望，认为其有助于让印度发展成为世界领先的黄金饰品中心。印度金饰使用堂标是与国际接轨的一部分，这一体系已经在全球不少黄金市场中广泛使用。早在 1972 年一些欧洲国家就签署了《关于贵金属物品成色和标记控制的维也纳公约》，以规范贵金属检验和建立一体化市场。大多数欧洲国家先后加入了堂标使用的维也纳体系，还有一些国家也参照这一标准引入了通用控制标记（CCM）。在 CCM 标记体系中，包括金饰在内的贵金属产品需要带有成色标记、责任标记和检测机构标记等。

金饰成色不足问题让印度黄金出口遭遇不小阻力，也使黄金作为抵押物难以被广泛接受。引入堂标体系可以让印度黄金饰品得到更广泛的市场认可，这种标准化措施成为印度打造"世界珠宝工厂"的关键一招。

堂标体系除了能够促进出口外，也肩负着盘活国内黄金市场的重任。印度的黄金货币化改革推进阻力重重，重要问题之一就是标准缺失。为了能吸引更多存在民间的黄金加入储存体系中，印度吸储的黄金不仅包括金条也涵盖了印度新娘必备的黄金饰品。可饰品检验要比金条复杂得多，要对海量纯度不一的金饰进行标准化非常困难，完善黄金纯度的堂标体系则是重要一步，在推进印度黄金货币化方面发挥重要的支持作用。

堂标是黄金饰品的"身份证"，不但让消费者对金饰的信息一目了然，更支撑起印度庞大的黄金产业计划。当然，就像印度的很多产业发展计划一样，这个依托于几个小小标识上的梦想在多大程度上能转化为现实，需要时间来进一步检验。不过，现在印度新娘见证爱情的金饰，总算又多了一重保障。

传统上，东西方对金饰的偏好是有明显区别的：亚洲人更喜欢高纯度的金饰，而欧美流行的金饰则是合金类的 K 金产品。

放在 21 世纪初，欧美人并不青睐工艺性相对较差的纯金饰品。全球珠宝行业每年的产值接近 3000 亿美元，是世界上产业链最长的行业之一，但这一市场曾呈现泾渭分明的态势，亚洲的珠宝金饰概念与西方截然不同。从最基本的材质看，东方的中国和印度等亚洲国家的珠宝绝大多数是由 24K（99.99%）的纯金或 22K（92%）的高纯度黄金制成。这与西方制作的金饰质地形成鲜明对比。在欧美，珠宝商出售的金饰纯度一般不会超过 18K（75%）。

3000 亿美元的金饰市场，亚洲和欧美几乎各占一半。在亚洲地区每年销售的 1500 亿美元珠宝中，约有 90% 属于高纯度金饰，其价格与饰品实际贵金属价值密切相关。而在欧美，每年销售的 1500 亿美元珠宝中只有 10% 体现贵金属价值。这种区别意味着在亚洲，金饰不仅是为了美观而佩戴，而是能直接把佩戴者升级成移动的金库。这一人形金库有着更广泛的金融职能，包括贷款和融资等功能。

这种"金饰金融"在中国和印度等亚洲地区广泛存在，据估计这一地区有大约 20 亿人拥有金饰，价值超过 2 万亿美元。这些人身上的金饰被当作应急的财产备份，随时可以投入到市场中去。每个参与其中的人都清楚，身上金饰的价格取决于黄金纯度、金饰重量以及当时的金价，并在此基础上，还需要加六到八个百分点作为加工费。

亚洲人在购买金饰的同时，也是在买一份黄金作为避险工具。这种做法欧美消费者之前并不认同，认为这是金融基础设施不发达环境下的落后选择。欧美面向个人客户有完善的融资环境，可抵押资产的选择更广，成本也更低，轮不到使用金饰来应急。因此金饰纯度低些也没关系，只要履行好美化生活的职责就足够。

不过就像在电影《穿普拉达的女王》里描述的那样，流行是会改变的。金饰从材质上被分成泾渭分明的东西方两个门派，现在两派在逐渐趋同，两个市场的差异在逐渐弥合。越来越多的亚洲客户会无视黄金的功能性，为了单纯的装饰功能买入纯度并不太高的金饰。同样也有欧美客户认为金饰应该有更多的实用性和功能性，在这一潮流的驱动下，欧美人也开始为纯金首饰买单。

近年来，欧美市场上足金饰品受到更多消费者青睐。只不过这种变化如果放在更大背景下就没那么让人欣慰了：从金融危机以来的近十年里欧美消费者对黄金饰品的需求在逐渐下降。

21 世纪以来，全球黄金饰品市场呈现出温和的增长态势，这一成绩是在印度、中国和其他新兴市场需求旺盛的带动下取得的。欧美的黄金饰品市场则一直不大景气。市场上大部分高端珠宝饰品品牌都来自欧美，但这些公司的年度财务报表是否能有亮点，却越来越取决于它们在新兴市场的表现。那么，这是否意味着欧美的消费者已经不喜欢金饰了呢？要回答这个问题我们还要从金饰的属性说起。

对很多人来说，购买实物黄金是储存财富、规避风险的有效选择，也有人认为拥有黄金珠宝是一种更直观、更吸引人的消费方式。之前金饰在人们眼中是黄金投资产品的一种，和金条、金币等产品区别不大，由于可以佩戴，消费者也愿意为这部分功能付出溢价。但近十多年来，投资功能和储值功能逐渐从黄金饰品中剥离出来，投资者转而去选择成本更低、交易更便利的金条以及 ETF 产品。因此虽然黄金饰品占据了黄金需求的重要部分，但金饰品的需求下降却并没有让整个市场衰减，而是需求被转移到了其他品种中。

这一职能转变导致最直接的结果就是西方金饰市场疲软。据世界黄金协会的数据显示，21 世纪以来美国珠宝业的需求下降了将近四成。在欧洲也呈现出类似的趋势，德国和意大利的珠宝饰品市场更是萎缩了超过六成。

67

在欧美，金条和黄金饰品的价差较大，设计加工的费用高，这一方面导致金饰回收加工并不活跃，另一方面也让金饰的投资功能被削弱。对于欧美消费者来说，黄金饰品并不是一个有效的价值储存方式。他们离开饰品店的那一刻，如果将手里的商品立刻送到回收商那里，意味着他们的饰品价格已经被打了 5 折，黄金价格要大幅上涨才能弥补损失。比如，在 21 世纪初"超级牛市"刚开始时买下金饰的人，要到 2020 年才能在黄金回收市场上收回成本。从这一点看，印度的黄金回收市场就对购买金饰的人友好得多，由于手工费和设计费用低廉，一般回收价格在金饰价格的七成左右，因此印度人也更喜欢购买金饰。

值得注意的是，21 世纪以来欧美地区对黄金 ETF、金条和金币的需求明显增加。美国人以金条和金币的形式积累了大约 1100 吨黄金。此外，作为全新的投资形式，黄金 ETF 的持仓量超过 2200 吨，其中大约九成由欧美买家持有。

当然，这些投资产品数量的此消彼长本身也说明了问题：在欧美，金饰是一种摆在珠宝店橱窗里的商品，其金融属性已经衰减，这点和印度或者中东市场呈鲜明对比。也正由于这个原因，当发生金融危机或出现市场波动时，新兴市场对金饰的需求会变大，因为人们期望其避险。而在欧美，金饰这种功能定位单一的商品，在危机来临时人们的需求反而会下降，毕竟当人们节衣缩食时，像珠宝这种炫耀性消费品是率先被砍去的项目之一。因此，比起宏观风险来，诸如失业率低、家庭债务情况以及消费者信心等指标对欧美黄金饰品市场的影响更直接。

另一方面，即使欧美消费者的消费信心强劲，选择购买饰品时，纯金饰品也不一定是他们的第一选择。比如在美国饰品市场上，钻石珠宝生产商戴比尔斯是大赢家，该公司的财务数据中并没有列出销售额中钻石占多少、吊坠和戒指占多少等细目，但可以看出创意营销活动对于增加市场份额非常有效。[57] 除了镶钻首饰外，银饰以及铂金饰品也都是金饰的竞争对手。这些年来有不少饰品的需求被分流到这些饰品中。

此外，苹果最新款手机这类高科技产品也在瓜分欧美金饰的市场份额。对不少年轻人来说，这些新玩意儿的吸引力远远大于高级珠宝首饰，而且戴在身上要更加炫酷。在过去十年中，美国市场上电子商品支出的增速是奢侈珠宝首饰的四倍，这也就意味着在让人掏钱的能力比拼上金饰落到了下风。

西方金饰需求有一部分被金币、金条、ETF 等黄金投资产品分流，还有一部分市场需求被钻石饰品和高科技产品侵蚀。值得欣慰的是，金饰寄托情感的需求还在，这也让西方的金饰需求保留了反弹的希望。

这种反弹的希望也蕴藏在金饰的质地中。欧美的金饰市场虽然变小了，但纯度却在提高。

华尔街金融风暴在改变了金融市场的同时，也改变了不少欧美人对黄金饰品的看法。随着欧美四大央行[58] 增发大量的货币以增加流动性而导致资产贬值，货币已经距离贵金属基础越来越远。在这波资产贬值潮中，纯度较低的珠宝也不能幸免，呈现出平行的贬值的态势。相比之下，高纯度金饰的价格波动较小，凸显出其价值优势。

日久见纯金，一些欧美的珠宝商也开始走"亚洲路线"，在本土市场尝试推出高纯度的贵金属饰品。这些黄金和铂金投资首饰按重量出售，意在重新打通珠宝与储蓄之间的联系。为达到这一目的，欧美珠宝商也相应引入了"亚洲三原则"。

首先，出售的珠宝饰品是由 24K 纯度黄金和铂金制成，并不会镶嵌任何钻石或宝石。这意味着这类金饰通过简单称重就能衡量出其价值。其次是在价格制定方式上实行溢价透明化，将设计加工费设定在10%左右，这样既保证了购买者获得真金白银，又给珠宝商提供了足够的利润空间。第三则是珠宝商为其产品提供终身服务，以现行的黄金和铂白金价格减去10%的费用回购或交换任何自家出售的饰品，这让那些对珠宝款式比较在意的买家，能有低成本的更换方案，进一步留住老用户。

其实欧美按照重量和纯度出售贵金属饰品，也并非都是"东学西鉴"，也可以看作是欧美饰品市场的一种回归。在1918年，查尔斯·蒂芙尼以"盎司重量"的价格在《纽约时报》上刊登了银饰品的广告，而且在很长一段时间里都以计重销售。可时至今日，蒂芙尼的珠宝店甚至不会透露他们每件珠宝的具体重量，只是有礼貌地说出难以计量的"零售价"。之所以会出现这种转变，是因为这些品牌在溢价过程中降低贵金属本身价格在总价格中的比例，通过低纯度的合金来获得更高的利润。此外，通过同时使用镶嵌宝石和不透明的定价模型为其产品增加更高的主观价值。奢侈珠宝品牌靠压低贵金属价值增加利润，而现在的珠宝商通过提高贵金属纯度和去宝石化形成基础价格，在利润透明的基础上扩大利基市场同样可以增加利润，这是欧美金饰向百年前计重销售模式的一种回归。

在吸收金饰销售的传统"亚洲原则"的基础上，欧美的纯金饰品在销售方面也有所创新，比如积极引入线上销售的模式，将线上珠宝销售和黄金投资结合起来。欧美的金饰供应商抓紧这个迅速膨胀的市场机会，让高纯度黄金饰品迅速通过新的线上销售渠道抵达消费者手中，来占领市场。

只要去过一趟伊斯坦布尔大巴扎或者迪拜黄金大市场的人，就会对中东人关注黄金饰品的热情有充分的认识。

中东一直是全球黄金饰品消费的重镇之一，如果将其看作一个整体，其年需求仅次于印度和中国这两个"巨无霸"而排到全球第三，领先于欧洲和近年来对金饰需求逐步增加的美国。

和其他金饰市场相比，中东地区有鲜明的特点：石油市场"感冒"，中东的金饰市场就会"打喷嚏"。

这一链式反应已经被反复验证。当作为这一地区主要经济支柱的石油产业陷入低谷时，没有大把的石油美元滚滚而来，当地人在购买黄金饰品时就没有了惯有的豪情，不得不稍微收紧预算过日子。同样，在油价高涨的时候，中东的金饰市场也能充分享受"头顶一块布，天下我最富"的好时光。

看着油价逛金店是中东金饰市场的常态，同为大宗商品的金油之间价格比值对中东金饰市场意义重大。黄金和原油二者都曾作为美元的"潜在之锚"，使得其变动非常敏感。黄金和石油在经济风险来临时的表现会反向而行，因此这一比值也能当作整体经济景气程度的风向标。

在中东，石油价格和金饰需求之间有着密切的联系，油价的高低直接关系到当地居民可支配收入的多少，而只有兜里有钱，人们才有可能到市场上购置心仪的珠宝饰品。而让中东的珠宝饰品商无奈的是，从 2014 年 6 月到 2016 年 2 月的大约 20 个月里，油价下降了大约 70%。有一种看法是当时低成本的中东产油国在刻意推低油价，以将美国的页岩油等竞争对手赶出市场。但最后结果是美国页岩油活了下来，中东金饰市场却遭到大幅削弱。

在经历了一段长期的油价割喉战后，就连沙特这样的国家也无法承受油价大幅下降带来的痛苦。于是石油输出国组织（欧佩克）达成了历史性的减产协议，油价在 2017 年又重新回到每桶 50 美元上方。

油价的回升，也预示着中东金饰市场最艰苦的一段日子已经过去。

但事实上回暖比预期来得更慢。在中东珠宝饰品从业者的账目上，2016 年后的销售额下降了不少。一些迪拜的珠宝饰品店铺只能靠延长营业时间，才能勉强赶上前些年的销售额。而在艰难时期同业之间更激烈的竞争，也拉低了利润率。

其实中东的黄金饰品市场低迷并非从 2016 年才开始，那只是一个低谷罢了。贵金属咨询机构黄金矿业服务公司（GFMS）的数据显示，2015 年阿联酋进口了大约 110 亿美元的珠宝饰品，这一规模比 2014 年的 150 亿美元缩水了大约 30%。在 2016 年进口量进一步减少到 100 亿美元以下，是 21 世纪的纪录低点，到 2019 年进口额才恢复到 2014 年的水平，而那时的油价已经触底回升。

迪拜在中东奢侈品市场中占据 30% 的份额，也是黄金交易的热点地区。阿联酋是中东地区最大的金饰消费国，也是继中国、印度、美国和俄罗斯之后的第五大黄金消费国。

2020 年前后阿联酋金饰需求和 2010 年前相比下降了大约 40%，值得注意的是这期间原油价格的降幅也与此相仿。长期的人均金饰消费量也反映出类似的变化，阿联酋人均黄金消费从 2010 年的 8.7 克降至 2020 年的 4.8 克，同期布伦特原油从每桶 100 美元上方跌至 55 美元附近[59]。

2024 年油价在每桶 80 美元左右波动，中东黄金饰品市场仍没有多大起色。在国际油价连续多年走低的情况下，曾以"免税"来吸引外国人消费的海湾国家顶不住了。沙特和阿联酋两国先后开启征收 5% 的增值税，以增加政府收入，缓解国际油价低迷的负面影响，而此举对金饰市场带来更多压力。

许多生活在阿联酋的外国人热衷于在迪拜购物节购买黄金[60]，主要是因为当地金饰的价格相对较低。然而征收增值税削弱了该市场金饰的价格优势，也打压了人们对黄金的购买热情。

海湾阿拉伯国家合作委员会早在2016年就在沙特首都利雅得达成共识，要逐步征收增值税。据估算这些海湾国家征收5%的增值税，非石油国内生产总值（GDP）能增加1.5%到3%。在海合会六国中，沙特和阿联酋成为率先让政策落地的国家，巴林、科威特、阿曼和卡塔尔四国陆续实施。

税制改革对中东金饰市场的影响可能会持续多年，伊朗市场的变化可以作为这方面的先例。由于常年油价下跌和西方制裁的打击，伊朗要比"财大气粗"的沙特和阿联酋早几年挺不住，其在2008年就开始征收3%的增值税，并在2014年进一步将增值税提升到了8%的水平，以增加政府收入。

提升增值税影响到当地的金饰市场。由于增值税是对珠宝的整个购买价格征收的，这意味着直接转嫁到消费者的身上，而更高的价格抑制了消费，对整个金饰行业造成冲击。有研究称大约30%的伊朗黄金首饰零售商在2011年至2014年间关闭。伊朗经济的困难加上增值税税率的提高，使得伊朗的黄金首饰需求在2014年下降了一半。伊朗在整个中东黄金首饰需求的市场份额也从2013年的23%下降到2014年的12%，几乎被腰斩。

当时油价低迷和增值税上涨联手打压了伊朗的金饰市场，该市场的景气程度慢慢恢复。但直到十年后伊朗的金饰市场也没有恢复到提升消费税前的水平。以此为参照，阿联酋和沙特等国的金饰市场的景气前景尚需耐心。要改变这一局面，或许只能寄希望于油价反弹。乐观的油价对于中东黄金市场是个好消息，因为收入提高后人们才有心情去金饰店里选购心仪的商品，也不大在乎加税的"小钱"。

在中东，唯一能拉平金油价比波动对市场影响的，就是"黄金床垫"传统了，即家家户户都存放一些黄金首饰，在不佩戴的时候，将其藏在家里的床垫下面以备不时之需。金饰在中东可谓"老少通吃"，有着特殊的地位。与欧美不同的是，中东人普遍将黄金饰品当作是一种储值形式和良好的投资渠道，因此在不少中东国家都有根深蒂固的"黄金床垫"传统，床垫下的每一件金饰都发挥着一份大额存单的作用。即使像阿联酋这样看似在中东最国际化的地方，也没有摆脱床垫传统的影响。

床垫下面放黄金，未来就能放宽心。

三、金条和金币：要价值也要颜值

除了饰品外，金条和金币是人们最经常接触到的黄金形式。这二者也被统称为实物投资黄金。

金条和金币是最朴素的黄金财富形式。或者说当金条和金币出现后，黄金才真正和钱画上了等号。

黄金正式变成货币，"获得编制"要从小亚细亚的吕底亚王国开始算起。在公元前550年左右，吕底亚的国王克罗伊斯最早解决了当时黄金货币份量、纯度等规格统一的问题，由国家组织铸造出值得信任的、具有固定重量且品质值得信赖的金币。这种世界上最早的金币正面是作为吕底亚王国徽记的狮子和公牛的头像，背面则是正方形和凹进去的椭圆形标记，象征国家权威[61]。

由金及币，黄金迈出了关键的一步，让它和铜、铁、铝、铅、锡等金属拉开了距离。也就是这一步，开启了黄金货币的奇幻之旅。

这段黄金货币的奇幻之旅既遥远又迅速。在公元前550年作为先进货币标志的金币，在经历了金本位制度后，到20世纪初已经逐渐力不从心，成了经济学家约翰·凯恩斯眼中"带有原始拜物教性质的野蛮残留"。

这种残留的痕迹越来越浅，尤其是20世纪70年代布雷顿森林体系崩溃后。黄金经过非货币化过程不再被作为货币发行基础，但黄金所具有的价值储藏功能仍被官方和私人广泛认可。黄金在很大程度上是基于金属商品的内在价值的非主权信用货币，由于黄金价格的波动不同于主权信用周期，在发挥价值储存功能上与主权信用货币具有互补性，可以作为现有货币体系的必要补充。

在投资组合中纳入部分实物黄金是投资者的稳健之选，虽然金价在短期也会有波动，但从中长期看其表现要比债券和股票更稳定。千百年来，以各种形式展示的黄金一直在人们的财富中占据重要位置，在可预期的未来，黄金仍会继续扮演财富等价物的重要角色。买黄金不是问题，而对于大部分人来说，真正的难点在于具体入手哪种黄金——选择困难症是广泛存在的。

从金饰、金条、金币甚至是大金牙，黄金呈现出的形式早已"乱花渐欲迷人眼"。近年来随着金融创新不断涌现，古老的黄金也搭上了这班车，纸黄金、ETF等产品也逐渐在市场中占有一席之地。当然，要是把所有这些选择放在一起，按照流动性和安全性两个标准来排列的话，在接受度上名列前茅的选择仍是传统金条和金币。其实各国央行的选择也类似，建立储备只会把一块块的金条存放在地下金库里，而不去选择其他形式的"财富"。

投资跟着央行走，吃香喝辣不用愁。虽然选择跟随央行这个大户，但对个人来说仍有很多细节问题需要解决：金币和金条具体哪种更好？金条和金币看起来十分相似，但对于投资者仍有些许不同。总的来说黄金的世界和现实社会差不多：颜值高的种类更受欢迎。

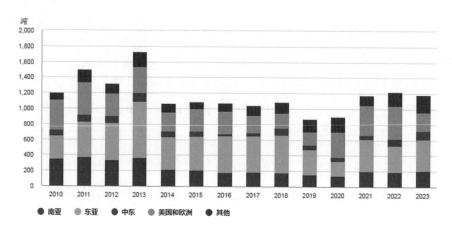

图 14　2010 年到 2023 年全球金币和金条需求变化（数据来源：WGC）

　　从目前看，实物黄金中最受欢迎的选择是金币。从"黄金等于钱"的传统观念，发展到"黄金等于币"的现代认知，金币一直受到人们的青睐。除了上千年对款式的心理依赖外，金币还有其他优点，比如流通性好。谁会拒绝金币呢？在急需钱的时候，金币很容易就能在公开市场上变现。相比体积小、颜值高的金币，金条显得有些朴拙，整块出售意味着想卖出时可能需要付出更多时间成本。

　　有人认为金条是纯金构成的，在成色上完胜金币。事实上无论金条还是金币，都有严格的纯度标准，通常含金量都超过 90%，金币也有纯度高达 99.999% 的产品。相比朴实无华的金条，做工精细的金币更难被仿制，其尺寸和重量都有严格规定，在铸造的过程中，金币的一些图案细节也有独特设计，仿制品很难做到完全一样。曾有造假者试图仿造较大重量的金币，但由于铸造细节和产品序列号等问题，很快就被发现是伪币。对于造假者来说，伪造金币费时费力，成本高还容易露馅，并不是一个划算的选择。

　　当然，虽然在比拼颜值上金条略逊金币一筹，但也有自己的特点和优势。金条更容易存放，持有成本也更低。因为金条的铸造成本相对较低，其保险储藏费用要比金币更便宜，而且在购买时的溢价也低。在市场上一公斤及以下的金条是颇受投资者欢迎的品种。

主要的金条市场和金币市场在地域上看有明显的划分。亚洲投资者更钟爱金条，而欧美投资者对金币的需求更旺盛。这一区分有历史的原因：欧洲有使用金币的传统，最早的金币出现在地中海地区，罗马帝国更是让金币广为传播。金币在欧洲各国的货币体系中一直扮演重要角色，大名鼎鼎的物理学家伊萨克·牛顿都在英国皇家铸币厂担任过厂长，负责全国的金币铸造发行。

时至今日，全球知名的金币中，除了熊猫金币是中国发行的以外，鹰洋、水牛、枫叶、袋鼠和克鲁格等金币都出自传统西方范围。尤其是经历过魏玛共和国时恶性通胀的德国人，以及对"大萧条"心有余悸的美国人，都是金币的忠实拥趸。

而在亚洲，尤其是东亚地区，金币从来没有在官方货币中占据一席之地。从春秋战国时楚国的郢爰[62]，到西汉时诸侯向天子供奉的酎金[63]，更多是以金饼、马蹄金、金元宝等形式存在，这些都可以归为金块，它们比金币的铸造成本更低，也不大范围流动。时至今日，中国人在投资时依旧更青睐金条。

值得一提的是，央行和金融机构等交易和存放的黄金，都是400盎司重的标准梯形金条。这些相当于12.5公斤重的金条被放置在架子上，存在地下金库中，每一块金条都有自己的编号。个人投资者大多购买的是较小分量的金条，重量在1公斤以下。通常情况下，精炼厂会将400盎司的金条重新熔炼，重新铸造成从几克到几十几百克大小不一的金条。

与售卖精致的金币相比，买卖金条的条件要更宽松些。不少地方都推出了小重量金条的自动售卖机，人们可以像买薯片一样，在ATM

上自助购买金条。此外，为了方便购买，国外的一些超市也上架了金条产品。

　　通常情况下，大型商超，即使售卖金饰金条，也都是采用场地出租模式。超市注重的是渠道建设，往往倾向于轻资产运营。虽然近年来也做一些自有品牌的商品，但主要是食品、日用品等单价低、流通快的种类。然而超市的自有商品里出现了"鲇鱼效应"，部分超市开始销售自有品牌的金条。

　　从单价看，金条和饮料、洗发水等完全不可同日而语。薯片和洗发水用得不满意可以轻易换个牌子，花费不了太多钱。而黄金不同，买金条要占据不少资金，在黄金回购业务尚不发达的情况下，"改换门庭"是个耗钱的事儿。而这就对黄金销售机构提出了更高要求，之前在金店银楼买金条，是因为这些铺面支持更高的安全品质保障。诚然，人们不会到小区门口卖牛腩和大葱的小超市里选择金条。然而，对于那些通过会员卡系统对客户进行筛选过的大型跨国超市来说，情况就不同了。美国和韩国的零售巨头们纷纷开售金条，而且业绩亮眼。

　　在中国开市客（Costco）人们都买牛排或者烤鸡这些"网红级"产品，在美国和加拿大的 Costco 人们已经在超市买金条。金条是 Costco 网站上最热门的商品之一。Costco 重量为 1 盎司款的金条在网站上只对会员出售，每 7 天只能购买一次，每次最多只能购买两根。顾客在下单后金条会被装在安全的包装中直接送到家门口，并在顾客签名后交付。这种"超市金"由瑞士贵金属精炼厂 PAMP 出品，符合 LBMA 的标准。其价格随金价波动，在基准价标准上有轻微溢价。Costco 拥有超过 7200 万的付费会员，这些人中不少都转化为金条的买家，Costco 称每次新发行的金条通常都会在"几个小时内"售罄。

由于金条销售火爆，它的竞争对手沃尔玛也杀入这个赛道，开始出售
1 盎司金条和银条，同样销售火爆。

四、黄金 ETF 爆发大能量

没有交易对手风险的黄金，本质上是厌恶虚拟交易的。但在万物
可以金融化的 21 世纪，黄金也不可避免地被"创新"成了各式各样的
金融产品，其中影响力最大的是黄金 ETF（交易所交易基金）。

将黄金基金化，一字之差，让交易方式发生了重大变化。买黄金
至少要一克起卖，就是做成金豆子那样的小粒也要四五百元，买到手
还要找个瓶子装着。而一旦基金化后，投资门槛就降低到了一块钱起，
买了之后也不用担心存放问题，因为那只是账户上的一个数字。

通常情况下，黄金 ETF 将 1 克黄金作为基金单位，每份基金单位
的净资产价格相当于 1 克现货黄金的价格减去管理费用。黄金 ETF 在
证券市场的交易价格或二级市场价格，以每份基金单位净资产价格为
基准。黄金投资者可像买卖股票那样快捷方便地进行黄金 ETF 交易，
交易费用也不高。和实物黄金相比，投资者购买黄金 ETF 可以省去黄
金保管、储藏和保险等方面的相关费用，只需交纳约为价格 0.3% 至 0.4%
的管理费。和其他黄金投资渠道平均 2% 至 3% 的费用相比，其投资成
本明显具有优势。

世界上第一支黄金 ETF 于 2003 年在澳大利亚证券交易所上市交
易。由于 ETF 的投资门槛低、流动性强、交易便捷、安全性高，并紧
跟实物黄金价格走势，因此上市后很快就赢得投资者青睐。黄金 ETF
很快在欧洲和美国这些更大的市场迎来突破，进入迅速发展期。再往
后亚洲黄金 ETF 市场也紧随其后逐渐成熟。多点开花使 ETF 逐渐成
为黄金市场上一支举足轻重的力量。

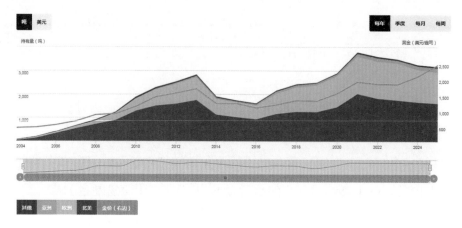

图 15　黄金 ETF 持仓情况（数据来源：WGC[64]）

　　截至 2024 年初，全球黄金 ETF 共拥有约 3150 吨黄金，这几乎是全球黄金矿山一年的产量。其中北美的黄金 ETF 占据半壁江山，欧洲黄金 ETF 占比近 45%，亚洲 ETF 虽然发展迅速，但总占比不高，只有大约 5%。世界其他地区，包括其诞生地澳大利亚，黄金 ETF 数量相对有限。

　　黄金 ETF 近年来成为人们投资黄金的新宠，有些以前习惯于买金饰、金条、金币或者纸黄金的投资者都转向购买 ETF。那么买 ETF 是不是和买实物黄金一样呢？

　　虽然很多黄金 ETF 都会告诉投资者，产品投资的是黄金交易所的黄金现货合约，努力做到跟踪偏离度和跟踪误差最小化，因此买 ETF 和买黄金区别不大。而且在不少统计口径中，包括世界黄金协会都将黄金 ETF 和传统的金条、金币归为一类，放在"投资需求"条目下进行统计，但实际上这是一种鱼目混珠的做法，黄金 ETF 和金条、金币并不相同。

　　从本质上说，金条和金币在储值功能和流动性等方面，类似于广义货币供应量（M2）货币，央行的黄金储备也证明了这一点。而黄金

ETF 则是一种金融投资工具，和其他大宗商品基金并没有太大区别，而距离货币范畴相去甚远。

当人们选择买入金条或者金币时，一个重要的理由是黄金是唯一无风险，且被市场普遍接受的金融资产。金条和金币是一种物理资产，可以保护购买力免遭通胀的侵蚀，并为资产提供风险对冲。

黄金的这种可依赖性在于其在金融体系中独立发挥作用。金融系统中的其他产品，无论是主权债券、期货合约还是信托产品等，都不可避免地有交易对手风险。由于资产池之间是打通的，当一种产品出现问题时，风险总会溢出，影响到整个市场。为了对冲无限蔓延的风险，理想的情况是在金融体系中找到物理隔绝的单独部类，而黄金就扮演这种角色。

拿在手里的金条和金币是独立的抗风险资产，可投资账户上的黄金 ETF 却是金融系统的"圈内人"。ETF 持有黄金并跟踪黄金价格，并与其他衍生产品一样，提供基础资产价格的敞口。当 ETF 的交易价格高于黄金价格时，投资者可以获取利润。价格比金价低时，套利方向就相反。无论是套利交易还是为机构客户提供流动性，当投资者买卖持有的 ETF 份额时，都会给现货金价带来向上或向下压力，并增加或减少 ETF 的黄金持仓量。当买卖 ETF 时，投资者与管理人、托管人等多方发生直接或间接的联系，因此持有 ETF 就像拥有黄金衍生品一样，具有交易对手风险。

黄金 ETF 在黄金需求中的比例不断提升，带来的另一个影响是黄金市场的脆弱性增加。传统的实物黄金，无论是金饰、金条或金币，投资者在买入这些产品后，往往会形成沉淀，交易频率低，流动性也不高。而 ETF 对价格往往更敏感，投资者会根据市场情况频繁进行买入或者抛售操作，从而加大市场波动。

在黄金ETF中占据主导地位的欧美基金交易活跃。2013年5月，黄金价格在短期中出现"断崖式"下跌，就和黄金ETF连续大规模卖出有关。目前黄金ETF的持仓量远超过2013年，如果形成踩踏效应，对黄金市场的破坏性也更强。

以与货币的关系和对风险的隔离程度划界，实物黄金和ETF成为两种本质上不同的产品。如果追求交易方便或者短期持有，ETF是不错的选择，但对个人来说，黄金ETF并不完全等同于实物黄金。

五、银行账户黄金产品的动荡

银行是发售黄金投资产品的天然渠道，离投资者最近，离投资品也不远。但从2020年以来，曾经红火的商业银行间黄金市场却被加上了"紧箍咒"。

2020年11月，工商银行、建设银行、中国银行、农业银行、交通银行、招商银行等17家银行先后发布公告，宣布暂停个人贵金属交易开户，主要涉及账户贵金属及代理上海黄金交易所的个人贵金属交易业务。

银行当时宣布暂停相关黄金业务的原因大同小异，包括"国际国内贵金属价格持续出现较大幅度波动，市场风险和不确定性显著增强"，为了保护投资者权益，所以交易暂停。

"暂停令"一出，一度热闹的银行黄金业务随即陷入冷清。实际上，在随后的几年中，国际和国内的贵金属价格更明显地出现了持续且较大幅度的波动，当时很少有人预料到，一场金价大幅上涨的行情已经拉开帷幕：从2020年11月到2024年5月的三年半时间里，金价一路从每盎司约1850美元上涨到约2350美元，涨幅约27%。然而，这一波涨幅已经和银行账户黄金投资者无缘。

当然，金价也有下跌的时候，在波诡云谲的市场环境下，那些没有黄金账户的投资者由于不直接持有黄金。其权益得到了一定程度的保护，免受市场波动的冲击。相比之下，拥有股票账户的投资者则常常受到资金流动的影响。

贵金属业务在商业银行中并非主流，不能给银行带来多少利润，因此即使停摆也没多少损失。但另一方面，贵金属业务是商业银行寥寥有实物商品支撑的品类，在增加客户黏性，尤其是高净值客户黏性方面能发挥特殊的作用。这让银行的贵金属部在失去了账户贵金属业务后，还能勉强维持运营，因为在之后的几年里它们一直承担着吸引客户关注的任务。

随着金价创出历史新高，惨淡经营的银行间黄金市场又走到了十字路口。

首先是客户的短期需求与暂停的长期化出现了矛盾。投资者理解的风险和机构定义的风险有一些偏差，在市场出现波动后，出于避险需求，不少人都想在银行账户买入黄金，却因账户无门而不得其入。商业银行的黄金市场面临一个很微妙的局面：一边是客户有需求想要买入，另一边是监管与合规的安排让"暂停"的时间不断延长。银行的客户没有太多耐心，如果迟迟不能得到贵金属账户入口，就会通过ETF等渠道满足进入贵金属市场的需求。

其次是"单向流动"阻碍了银行贵金属业务的发展。直到现在，不少银行仍不能开户交易账户黄金，银行已有的账户黄金业务也变成了单行线，不能新开户。只能卖出不能买入，更增加了账户的惜售情绪。这种单向还体现在银行只有卖出业务，没有回收业务上。没有健康的黄金回流机制就意味着流动性受限，也阻碍了黄金销售。

再次是贵金属客户的存留和发展遭遇了瓶颈。传统上银行的私人银行部的客户出于资产配置的需求，对黄金会产生兴趣。然而私人银行部客户往往年纪较大，虽然买的黄金多，但成长前景有限。关于如何拓展接触年轻客户的渠道，黄金行业在寻找，银行也在寻找。近年来黄金行业探索的结果是先后推出 3D 硬金产品、古法金产品，以及金豆等，获得年轻人的追捧，但这些贴近年轻客户的商品大部分都没能出现在银行的贵金属产品目录里。即使有的银行也推出了金豆产品，但客户的抵达性并不强。

当然，尽管银行贵金属市场出现了种种问题，但银行仍是贵金属销售的最佳渠道之一。只是随着线上线下竞争日益激烈，如果传统渠道不进行一些变革，那么留给它们的时间将越来越有限。

六、国家储备连着个人钱包

除了金饰、金币、金条、黄金 ETF 和账户黄金外，黄金还有一个重要去向——国家战略储备。

黄金储备是外汇储备的重要组成部分，和个人投资类似，只不过主体换成了中央银行。央行对黄金的管理看起来高大上，其实也和每个人的钱包休戚相关，因为这关系到本币的汇率。

虽说"货币战争"已经被喊了很多次，听起来和"狼来了"的效果类似，但谨慎的央行从来不会对这种"意外"掉以轻心，尤其是在美元震荡加强、外汇储备体系受损的情况下更是如此。

过去至少两代的战略学家，大都没认真想过如果外汇储备忽然不能取用了，世界将会变成什么样子。因为人们已经习惯了美元体系，也习惯了外汇储备的存在。其实外汇储备制度比大部分人设想的都要"年轻"，只有 100 年出头。

第一次世界大战让全球化的第一个高峰期戛然而止，战后各国为了作出妥当的经济安排，1922 年在意大利的热那亚召开了一次国际会议。之前作为世界货币的英镑已经被一战的炮火拉下了王座，金币本位制度也摇摇欲坠。为了适应新形势，英国主导推出了金汇兑本位制度。让生产能力强的国家货币成为各国收兑的对象，这些货币与黄金挂钩，可以兑换成黄金，其他国家拥有这些货币，在国际收支时也有了依仗。

热那亚会议提出设立储备中心体系，储备中心国的中央银行完全以黄金作为储备，而其他国家的储备则由黄金以及以储备货币计价的外国票据和外汇余额组合构成。在外汇储备这个概念诞生后很长时期里，外汇储备是一国用于日常国际收支备付的备用方案，比如热那亚会议后，英国以法国法郎作为外汇储备，法国以英镑作为外汇储备，这都是为日常国际收支做备份。

真正给外汇储备镶上金边的是美国。1944 年建立的布雷顿森林体系是围绕着美元建立的全球外汇储备制度。美国告诉其他国家：只要揣着美元，就等于持有黄金。于是不少国家关注美元，甚至将美元外汇储备作为一国大部分货币的发行基础。

20 世纪 70 年代，美国难以继续维持 35 美元兑换 1 盎司黄金的刚性汇率，布雷顿森林体系轰然瓦解。各国的外汇储备也被分为两部分：外币外汇储备和黄金储备。值得一提的是，握有美元发行权的美国拥有全球最大的黄金储备；在全球持有黄金储备最多的十个国家里，西欧国家占据半数，其黄金储备在外汇储备中的占比都超过五成。

国家	2024 储备排名	2000 储备排名	2024 储备量	2000 储备量	增减
美国	1	1	8133.5	8133.5	0
德国	2	2	3352.6	3468.1	−115.5
意大利	3	5	2451.8	2351.8	100
法国	4	3	2436.9	3024.6	−587.7
俄罗斯	5	11	2329.6	422.6	1907

（续表）

国家	2024 储备排名	2000 储备排名	2024 储备量	2000 储备量	增减
中国	6	14	2257.5	395.0	1862.5
瑞士	7	4	1040.0	2590.2	−1550.2
日本	8	15	846.0	357.8	488.2
印度	9	10	817.0	753.5	63.5
荷兰	10	7	612.5	911.8	−299.3

图 16　2000 年到 2024 年黄金储备的变化（数据来源：IMF[65]）

无论是拥有黄金还是美元，外汇储备都被当作保护本币的防波堤，而忽视这一点的国家都付出了代价。尤其是 1997 年的亚洲金融危机吓得发展中国家积累更多外汇资金用于防范本币崩溃。当时无论是马来西亚林吉特的崩溃还是韩国家庭主妇排队捐出金项链的景象都令人印象深刻。在那之后，各国在自己的能力范围内如同准备过冬的仓鼠一样尽力维持外汇储备。据国际货币基金组织的数据显示，发展中国家的官方外汇储备已从 1997 年的不足 2 万亿美元增至 2023 年创纪录的超 115 万亿美元。这种外汇储备依赖的结果是各国央行的账户成了美联储印发大量钞票的蓄水池，而黄金也成了抢手货，截至 2023 年，全球央行已经连续 14 年成为黄金的净买入方。

无论货币外汇还是黄金储备都是货币信心的基石，这个逻辑已经深入人心。将外汇储备捧上神坛的美国，在对付别国的过程中又粗暴地将外汇储备工具化，让每个国家的央行的账户都感到阵阵寒意。甚至连美国的西欧盟国都开始"留一手"，让黄金储备尽可能存在触手可及的范围内。

由于历史的原因，在 20 世纪的第二次世界大战后，很多国家的央行都将自己的黄金储备集中存放在纽约和伦敦。将黄金存在海外一方面是为了安全，另一方面交易起来也更方便快捷。在 2010 年以后，很多国家的央行成为全球黄金的大买家，曾经用来限制央行抛售黄金储备的《欧洲央行售金协议》已经成为一纸空文，现在央行已经不太在乎怎么卖出黄金。由于这两方面的情况发生了变化，不少欧洲国家央行也在重新规划自己的黄金储备。

"黄金回家"运动就是这种考量的表现形式，从 2013 年起，德国率先开始将存放在美国的 300 吨黄金分批运回法兰克福，接着荷兰、比利时、奥地利和匈牙利等国家也陆续加入到这一行列。现在看来，十年前开始的"黄金回家"运动可谓有先见之明，因为无论发生什么事，其他金融资产可能被武器化，但存在金库里的黄金储备却难以被冻结。

真理只在大炮射程范围内，黄金也只在央行自己的金库中。

凡事预则立不预则废。

全球进入了系统式脆弱的模式，从 2008 年的华尔街金融风暴导致的经济危机，到 2017 年新民粹主义带来的政治危机，再到新冠疫情，不稳定成了常态。已经没有华盛顿共识，也没有后华盛顿共识，难以达成共识成了唯一的共识。在这种情况下，美欧对俄罗斯施加的每一项制裁，比如冻结其外汇储备并禁用国际资金清算系统（SWIFT），都有可能在极端情况下施加在中国身上，对西方这是演练，对中国则是预警。

之前中国和俄罗斯在外汇储备方面采取的方式类似，即积攒大量的储备来保障金融安全。中国央行也是黄金的大买家之一，公开数据显示，在 2008 年华尔街金融风暴出现时，中国只有 600 吨黄金储备，到 2024 年中国的黄金储备已经超过 2200 吨，是当时的将近 4 倍。同期中国的全部外汇储备也从 1.9 万亿美元增加到 3.2 万亿美元。经过这轮增持，中国的黄金储备在外汇储备中的比例从 0.85% 上升到 4.3%，虽然和全球约 10% 的均值相比仍有较大差距，但考虑到中国全球领先的外汇储备规模，已经足以让中国央行成为全球第六大黄金储备持有方。

为了积攒下这笔黄金和外汇的家底，中国人花了几十年时间和至少两代人的辛勤工作。从改革开放早期用八亿件衬衫换一架飞机，到逐渐建成"世界工厂"，中间经历了"中国买什么什么贵，卖什么什么便宜"的市场扭曲，总算功不唐捐，筚路蓝缕在世界经济大棋局中赢得了一席之地。然而即便如此，如果外汇储备发生了类似俄罗斯那样被冻结的潜在风险，如何维护经济安全、保住之前的成果，对中国以及每一个国家都重新变得重要起来。在作为应对的各类方案中，依赖黄金储备可能不是最好的一种解决方案，但却是相对最简单易行的办法。

好在中国对此并非全无准备，2017 年以来，中国先后遭遇了贸易脱钩、金融脱钩、科技脱钩，也见证了在俄罗斯发生的资本脱钩和市场脱钩。为了应对这一系列的脱钩，中国逐渐摆脱之前经济发展得以成功的路径依赖，由出口导向型经济逐渐向以国内大循环为主的经济转型。

在发展经济学的范式里，出口导向和进口替代是两种不同的模式，前者的代表是东亚，后者的代表是拉美。虽然从近半个世纪的发展看，东亚要普遍超出拉美一头，但并不能就此否定进口替代模式的一些合理因素。同时新的政策也并非转急弯，切实构建以国内大循环为主体、国内国际双循环相互促进的新发展格局，就是将两种模式进行有机结合。

在这场艰难的转型中，西方出给俄罗斯的考卷意外成为中国的复习提纲：

推动外汇储备结构多元化。由于中国外汇储备盘子太大，除美元外其他货币难以容纳，所以只能尽量提高欧元和黄金的占比，以及在国际货币基金组织的头寸及特别提款权，做好每种外币资产的风险敞口管理。目前存在俄罗斯国内价值约 1400 亿美元的黄金，是俄罗斯能依仗的终极支付手段，中国也可以作为借鉴继续收储。

完善国内黄金市场。2022 年上海黄金交易所交易量下降，银行间贵金属市场也在萎缩，但通过一个有活力的市场实现藏金于民，是对国家储备最好的补充。此外欧美对俄金融制裁渗入到黄金领域，这就是为什么要尽力保持上海黄金市场的独立性，并让其摆脱影子市场的原因。

推进人民币国际化。人民币的国际化程度远不及美元，同时又大大好于卢布。有利的一面是，全球最重要的原油出口国之一沙特考虑改用人民币为出售给中国的石油计价，再加上俄罗斯出口的油气也需人民币计价结算。如果得到 OPEC+ 的支持，石油人民币将不再遥远。

尽量维系现有国际市场体系。外汇储备和货币国际化只有在与全球金融体系挂钩时才能体现出价值。虽然目前在国际体系间筑墙的是最大的一股力量，但并非最主流的力量。中国仍有空间维系现状，为未来的转变赢得更多的时间。

最后则是为美元霸权解体后，世界市场变得支离破碎和重归金本位制做准备。从经济和金融市场的角度来看，美国冻结别国外汇储备的行动是一种目光短浅的行为，会削弱美元的国际作用，并为中国、俄罗斯和其他国家提供强有力的支持，减少它们在国际贸易、金融和银行业中对美元的依赖。

第三章

金价的奥秘：
买贵了还是便宜了？

黄金热，最明显的诱因是金价高涨。而在这股热潮中入手黄金的投资者从持有的那一刻起，往往会对自己提出灵魂之问：买贵了还是便宜了？

无论发生什么情况，被标价的黄金本身没有任何变化，但投资者的情绪依旧会被问题的答案影响。数千年来，黄金一直是财富的象征，历来被视为投资者在不确定时期财产的安全庇护所。但由于受到众多因素的影响，黄金的价格极易波动，这又会影响到财产的稳定性。

为在不确定性中尽量寻求确定，与黄金价格密切相关的黄金定价权被当作重要一环反复提及。黄金定价一直是市场最关心的问题之一，毕竟价格是市场运行的基石。

要了解价格，了解价格形成机制是先导。黄金定价权百年来先后经历了金本位的十字固定、布雷顿森林体系的藩篱、五巨头伦敦密室定价、纽约黄金期货市场价格发现等多种体系，近10年又在逐渐摸索建立新的定价机制。中国在21世纪初就逐渐拿下全球黄金生产、消费、进口和加工四个"第一"，但在定价方面仍长期处于全球黄金市场的外沿，并没有打入核心定价圈。

在意识到问题后，中国开始了在黄金定价权方面的探索。在上海黄金交易所成立之初就被寄予厚望的人民币黄金定价权，经过20多年的运营后，依然停留在被寄予厚望的阶段。目前很难说现在的黄金定价机制比之前的对中国更有利，至少上海黄金交易所仍没有做到以量换价。

多年努力未果，我们需要的是对定价权的重新考量，也需要突破历史框架和既得利益集团的重重限制，得到从头开始改变的契机。这个契机已经出现：信息技术革命带来的人工智能大潮，经过多年的酝酿后，让黄金定价接近了变革边缘。

而当这样的定价实现后，人们对于买贵了还是买便宜了的问题，
会有更清晰的答案。

一、金价形成靠加法，更靠博弈

作为商品的黄金，价格是一个产业链价值链累加的结果，包括矿
产商的全成本、精炼商的成本、安保物流和储存的成本、加工成本，
以及进入销售领域的成本等。在会计账户方面，又可以分成现金成本
和总维持成本等[66]。在这些林林总总的成本上再加入一定的利润率，大
致就是在市场上看到的黄金价格。

但金价的形成远没有那么简单，因为黄金并不只有商品属性，更
有金融属性和货币属性，这就意味着其价格形成过程中不仅是加法，
更是复杂的博弈过程。

从博弈论的角度看定价权，会发现黄金定价是一种典型的零和博
弈。毕竟买方的出价等于卖方的收益，价格形成于一个双方都能接受
的区间。这一区间既和社会必要劳动时间有关，又取决于相互依赖的
状态。

如果买方高度依赖卖方的产品和服务，那么卖方将产品和服务提
价，买方也不得不接受，从而形成卖方获利更高的蓝海市场；如果卖
方依赖于买方的选择，价格向区间上方移动，那么买方就会立刻选择
其他卖方的产品和服务，这就使卖方的定价权受损，定价权部分由买
方行使，形成卖方获利有限的红海市场。定价权存在争取的市场是高
度活跃的市场，因为交易双方都积极参与，而双方都不积极参与定价
的市场，则是成熟市场或非活跃市场。

理论上，在买方定价和卖方定价势均力敌的市场上，形成的价格
并不会偏向任何一方，而是无限接近于建立在社会必要劳动时间上的

全行业平均利润率。然而这种不偏不倚的关系只存在于供求不会发生变化的社会中，现实中定价权的争夺在市场中广泛存在。

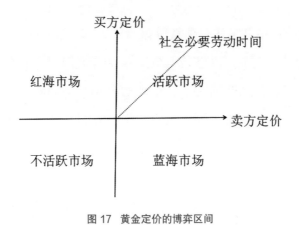

图 17　黄金定价的博弈区间

就黄金来说，理论上贴近于卖方定价。因为矿产资源是自然的馈赠，供给总量有上限，而且作为典型贵金属，黄金享有"物以稀为贵"的红利，其供给要比铁矿石、铜、铝等金属小得多。可以说抓住了金矿，就抓住了金价，这也是近些年来中国争夺黄金定价权的底层逻辑，于是通过共建"一带一路"，中国黄金生产商在沿线国家逐步推动黄金矿山的合作开发。

事实上无论俄罗斯还是美国，抑或是南非和中国，历史上不同时期都先后成为过全球最大的黄金生产国，但当时都没有在定价权上有太多话语权。这种卖方定价能力的缺失和四方面原因有关。

第一，黄金供应分散且稳定。即使全球最大的产金国，除了南非在短期内产能喷涌外，其他登顶的国家在总供给中所占的比例都不太高。和铁矿石、铜等金属供给集中在少数几个国家不同，黄金在全球分布广泛，当前即使前五大黄金生产国累计占据的供应份额也不足黄金资源的一半。而且黄金生产国也没有组成类似石油输出国组织（Organization of the Petroleum Exporting Countries，简称OPEC）那样的卡特尔（Cartel），无法通过统一行动调节产量，来对价格造成直接影响。

第二，庞大的黄金库存形成供给"蓄水池"，对价格形成强大的调控力。截至2023年，全球开采出的黄金大约有20.9万吨，庞大的存量黄金是黄金市场名副其实的"擎天柱"。即使按照当前创下历史纪录的每年约3600吨的矿产量计算，存量黄金的数量也相当于超过半个世纪的产出。因此，即使在供给方面出现几百吨的年度缺口，由于"大金块"的存在，市场上也不会有太大波动。这种依靠存量拉平价格波动曲线的能力，是作为一次性消耗品的原油和铜等商品所不具备的。

第三，从需求端看，黄金仍以金饰、投资和价值储备为主，相对单一。黄金虽在电子和航空等领域有重要工业用途，但受限于成本，工业需求在黄金总需求中占比已降至不足7%。黄金相较原油和有色金属等其他大宗商品而言，金融属性更强，工业消费属性相对较弱。黄金的工业属性一般不作为定价的考虑因素。

第四，黄金本身具有货币属性，在价格形成上有特殊性。黄金既有商品属性，可以像其他大宗商品那样定价，同时黄金还带有残留的货币属性。黄金天然是货币，铸币厂的印刷机不能在量化宽松的名义下让黄金源源不断地从机器里流出来，这就使黄金价格和法定货币价格间存在动态平衡。在延续百年的金本位制度下，黄金价格对法定货币有着强约束关系，而当金币本位、金块本位和金汇兑本位制的束缚关系被逐一打破后，黄金价格形成过程成为其现役的商品属性和退役的货币属性交锋的战场。

值得一提的是，当前黄金已经在理论上退出了货币领域，但在实际中黄金却一直处于"退而不休"的状态。不但个人手里握有金饰、金条、金币等各种形式的黄金来对冲通胀和风险，就连货币发行机构对黄金的态度也是"口嫌体正直"，在地下金库里保留了大量 400 盎司一块的金条作为外汇储备的一部分。数据显示，全球已开采出的黄金目前超过 16% 掌握在各国央行手中[67]。

传统上黄金价格的形成和长时段的经济周期相关，也会在短期内受到地缘政治、自然灾害等因素的影响。市场上一有风吹草动，以套利为目的的机构就会风声鹤唳，通过资金流动和买卖双方博弈的局面影响黄金价格。

从利率到汇率，从就业到通胀，从时尚偏好到技术进步，从经贸争端到烽烟四起……小小一块黄金，影响其价格形成的因素让人眼花缭乱。这不但让大部分对黄金感兴趣的人只能看着金店里一天一变的价格不明觉厉，进阶的投资者面对交易系统里实时波动的金价同样雾里看花，即使是实力强劲的投资机构，拿出的价格分析报告也是各执一词。

正因为买卖双方的博弈处于动态平衡中，影响金价的因素太多，让人难免挂一漏万。也正是有了这种复杂性的重重掩护，让黄金价格形成机制一直都可以公开——反正绝大部分人都难以看穿迷雾。只是偶尔有接近真相的惊鸿一瞥，或者内部由于利益冲突曝出一些信息，之后随即就会出现价格操纵的判例或是定价调整的补丁，继而让金价的形成机制再次隐入更深的迷雾中。

二、黄金"密室定价"体系瓦解

法国后现代主义领军人物米歇尔·福柯提出"话语即权力"。决定黄金价格的话语权是市场权力，更是政治权力的金色投影。

给黄金定价的第一位选手是英国。在打败了西班牙无敌舰队和经历了工业革命的洗礼后，步步崛起的英国到 17 世纪末遇到需要建立稳定的全球货币体系的关键时刻。

在关键时刻登场给黄金定价的正是那位站在巨人肩膀上的物理学巨匠伊萨克·牛顿。被苹果砸了的牛顿作为英国皇家铸币厂厂长，制定出英镑兑换黄金的比例。1717 年 12 月，英国财政部发布公告，在牛顿提议的基础上，将普遍使用的畿尼金币[68]的价格确定为每枚 21 先令。按照畿尼金币的含金量计算，当时黄金的价格相当于每盎司 3 英镑 17 先令 $10\frac{1}{2}$ 便士。英国确定的这个黄金价格堪称划时代之举，因为这意味着黄金可以通过英镑来定价。英镑逐渐成为世界货币，也将统一的金价带往世界各地，让之前黄金分散性的地方价格真正变成了全球统一价格。从那时起黄金的价格正式与英镑面值挂钩，真正意义上的货币金本位制度初见雏形，这对后来世界经济和政治格局都产生了深远影响。

金本位的成长——英国给黄金定价的方式，用了大约一个世纪。利物浦伯爵罗伯特·詹金逊在 1812 年成为英国首相时仅 42 岁，比之前所有的首相都年轻[69]。年轻的詹金逊首相对新观点的接受能力更强，受到大卫·李嘉图等古典经济学大师的影响，他在 1816 年 6 月主持英国议会通过了《金本位制度法案》，从而以法律的形式正式确立了发行纸币要用黄金作为货币本位的做法。金本位制度逐渐得到了全球的普遍认可，有"针线街的老妇人"之称的英格兰银行可以通过货币发行细心地打理英镑与黄金。英国以金本位之名掌握黄金定价权大约百年，1914 年到 1918 年的第一次世界大战给了以英镑为中心的金本位制度重重一击。

给黄金定价的第二位选手是美国。19 世纪末，美国在经济规模上超过英国和德国等传统欧洲大陆的列强成为全球首屈一指的经济强国，并在经济利益的驱动下赢得对西班牙战争的胜利，逐步谋划有利于自身的世界格局。而在当时的国际体系中，作为后来者的美国仍青涩且谨慎，一遇到欧洲老牌势力的阻挠就迅速缩回到"门罗主义"[70] 涵盖的西半球美洲范围。在第一次世界大战后的巴黎和会上，美国放弃了规划世界的构想，其中包括控制黄金价格的机会。

"大萧条"后美国在 20 世纪 30 年代确立的 35 美元一盎司黄金只是"地方指导价"，当时占主流地位的仍是与英镑挂钩的金价。而让美元价格升级成"全球价"的契机出现于第二次世界大战。在战后经济废墟上建立起的布雷顿森林体系中，美元和黄金挂钩一举让美元成为黄金"等价物"，拥有了"美金"的称号。其他国家的货币与美元挂钩并实行固定汇率制度，进而与黄金建立联系。在以美元为中心的货币体系下，黄金在美国政府的控制下保持固定价格，即 1 美元的含金量相当于 0.888671 克黄金。

美元与黄金挂钩的布雷顿森林体系运作了 20 多年，1971 年 8 月美国政府停止美元兑换黄金并让美元贬值。尼克松政府的"新经济政策"停止履行外国政府或中央银行使用美元从美国兑换黄金的义务，残缺不全的金汇兑本位制随之崩溃。

之前两代的黄金定价权都是"一口价"模式，依托于强国发行的全球货币。在后布雷顿森林体系时代，黄金从美国政治经济霸权中摆脱出来，重归市场后迎来了第三代定价模式：伦敦金银市场上的"巨头密室定价"。

在 19 世纪的维多利亚时期，英国建立了号称"日不落"的广阔疆域，也就是从那时起，首都伦敦成为全球黄金交易中心，伦敦市场每天报出的黄金定盘价成为世界各地黄金市场交易的价格。伦敦黄金定价模式下，黄金定盘价的价格由少数几家大交易商确定。五家做市商[71] 的代表每个工作日会在伦敦举行两次秘密会议制定黄金定盘价，这个价格为买入或卖出黄金的交易提供基准，从矿产商到消费者，再到央行的各环节都用其作为中间价。五大银行协定金价的制度带有浓厚的秘密主义色彩，因为除了他们的黄金交易代表外，没有任何人可以参与、观看定价过程，这也给黄金价格蒙上了一重迷雾。

在密室定价模式中，先由主持定价会议的银行提出一个靶向价格[72]，通常情况下，这个价格位于伦敦黄金市场购入和沽出的最新价格区间。然后主席会提问其他四大银行，按照提出的价格，谁愿意购入、谁愿意卖出黄金。如果买家和卖家的数量不平衡，那么黄金的价格就会相应地被调低或调高，直至买家和卖家数量平衡为止。当五大银行找到了平衡点，黄金的价格就被确定了，接着，这个价格会立即传遍全球。

伦敦金融城里有句老话：在缺乏监管的情况下，永远不能高估机构的道德底线。在每个交易日开会决定黄金价格的五家银行，在市场上既是运动员，又是裁判员，拥有不公平的竞争优势。在金价被美联储牢牢钉住在35美元时，这种不当优势还不明显，而到黄金经历"去货币化"，市场波动区间被放大后，少数几家大型金融机构做市制度的漏洞就暴露出来了。这一在利润导向下可以修改买卖双方博弈关系的价格体系在黄金市场主导了40多年，直到爆出了做市商操纵价格获益的丑闻。

2013年，五家黄金做市商之一的德意志银行金价操纵丑闻被曝光[73]，改革黄金定价机制成了众望所归。经过两年的酝酿，2015年3月，旧的伦敦黄金定盘价退出历史舞台，指导全球黄金交易的新版定盘价形成机制登场。

新版金价形成机制以增强代表性、提升透明度和更方便监管为改革方向，并做出了一系列改变，包括把做市商的数量提高到两位数，在电子盘上显示交易，并定期公布库存数据等。目前为止，这套改革后的黄金定价体系又运行了将近十年，虽然没出现新的价格操控丑闻，但修修补补的临时感仍然挥之不去。

三、人工智能革命给黄金定价带来新机遇

电影里说有人的地方就有江湖，市场里说有人的地方就有价格操控。

几个世纪以来，包括国家在内的各种实体和个人都试图控制和操纵黄金价格以获取自身利益，黄金价格操纵可以追溯到英国建立金本位制的早期。由于货币以固定数量的黄金为锚定，黄金价格的任何波动都可能直接影响货币的价值，从而刺激了政府和央行操纵黄金价格以维持稳定的货币价值。

央行一直在管控金价，从早期简单粗暴一纸政令的方式，逐渐过渡为具有新的形式和复杂性的"技术活"。拥有大量黄金储备的央行能以百吨为单位买卖黄金，通过操纵供求动态，人为控制黄金价格。比如在 20 世纪 50 年代和 60 年代，美国政府通过美联储将黄金价格固定在每盎司 35 美元，并维持布雷顿森林体系下美元的稳定。美联储需要通过压低黄金价格，让投资者保持对美元和美债等其他金融资产的信心。但这种价格操纵方式依赖于海量的黄金储备，由于市场对黄金过度需求和政府无法维持固定价格，简单价格操纵逐渐变得不再可行。

布雷顿森林体系瓦解后，从 20 世纪 70 年代起，各国央行对金价的操控从台前转向幕后，更多大型金融机构乘虚而入占领了金价操纵的"生态位"，并美其名曰参与金价制定。以摩根大通和汇丰为代表的金融机构通常拥有强大的交易能力，可以通过市场活动操纵金价。尤其是作为头部机构的黄金做市商，对黄金价格制定的影响很大，当它们采取集体行动时能在短期内掀起市场波澜。

期货市场具有价格发现功能，随着金融衍生工具的出现和投机性

交易作用的增强，更多市场参与者找到了新的能够影响黄金价格的方法。其中一种机制被称为"欺骗交易"，即黄金交易员在市场上放出大规模买单以制造市场需求或供应的假象来提升价格，但随即取消订单。这种策略会误导其他市场参与者，影响金价走势。

操纵者采用的另一种方法是在期货市场使用杠杆头寸。通过在黄金期货合约中持有大量头寸，这些操纵者可以对黄金价格施加重大压力。他们的行为会造成人为的价格波动，导致其他市场参与者效仿，最终放大价格操纵效果。

黄金通常被视为避险资产，在全球经济中占有重要地位。而对黄金价格的操纵会让价格脱离实际，增加黄金市场波动性，扭曲投资决策，并侵蚀信任，这对整个市场的健康发展不利，因此需要通过两方面的努力来保证金价的客观性：

一方面，从市场内部看，完善的黄金定价机制要增强透明度和严密性。例如，制定健全的黄金基准价和指数，有助于降低黄金价格易受操纵的脆弱性。基准价应以透明和可靠的数据来源为基础，确保市场参与者能够获得准确的信息。通过公开披露交易活动，市场参与者也可以更方便识别违规行为或潜在的操纵企图。

另一方面，从市场外部看，加强监管和健全执行机制有助于阻止和发现黄金价格操纵的情况。监管是有助于遏制价格操纵和确保公平有效的黄金市场的关键一环，对价格操纵行为实施更严厉的惩罚以及改进监管机构之间的合作，实施严格的报告要求，加强穿刺性监管，鼓励独立机构更多地参与，有助于解决围绕黄金价格操纵的问题。

监管机构、市场参与者和技术供应商之间的合作对于有效打击黄金价格操纵至关重要。理论如此，但在实践中却存在大量问题。在重重壁垒下，黄金定价的问题至今仍没有得到很好解决。

　　事实证明，人做事总是会百密一疏、很难面面俱到，因此让日益强大的人工智能来参与黄金定价有可能吗？

　　黄金是传统财富的象征，但黄金行业从不拒绝技术更新。

　　地球物理学的推进让黄金勘探插上了翅膀，将黄金储量蛋糕不断做大；大规模工程机械的引入使黄金产量突破式增加，让过去 50 年内生产出的黄金超过之前 5000 年的产量；就黄金定价来说，也先后引入过电话和电子盘两种当时堪称前沿的手段……

　　信息技术目前在逐渐给黄金定价"剥洋葱"，人工智能成为尽可能厘清种种影响因素、排除干扰项，让金价回归博弈最好的工具。

　　通用人工智能的最新亮相令人惊艳。在 2022 年底，成立只有 7 年的初创公司 OpenAI 发布让人眼前一亮的产品——ChatGPT，从那之后人们跑步进入了人工智能时代。

　　人工智能并非最新的技术，这个概念的提出最早可以追溯到 20 世纪 50 年代，但在那之后超过半个多世纪的时间里，虽然也发生过 IBM 的超级计算机"深蓝"击败国际象棋大师卡斯帕罗夫，以及亚马逊推出智能音箱等标志性事件，但大众接触到的人工智能软硬件设备，由于算力所限更接近于"人工智障"设备，在通用技术领域不堪大用。

　　ChatGPT 的横空出世"吹皱一池春水"。提供芯片的英伟达被人工智能大潮推上神坛，成为"瑰丽七股"之一。而七股中剩下的几家也都在跑步加入战团，研发出了 Gemini、Bard 等平价替代品。

　　通用人工智能已经超出科技领域，渗透到各行各业中，并带来新的业态。各种分析报告中的用词似曾相识，像是把前几年刚吹捧过的"互联网 +"替换成"人工智能 +"后就直接临摹。这种方式简单粗暴，却也没人会小觑。毕竟有互联网革命的珠玉在前，没有一个行业敢错过人工智能这班车。

于是在短短一年多的时间里，人工智能开始在不少行业安营扎寨，剩下的行业也正在紧锣密鼓地研究怎么通过人工智能提升生产率。会计师事务所普华永道的全球 CEO 调查显示，即使当前人工智能在公司业务中的渗透还不显著，但 85% 的 CEO 同意人工智能将在未来五年内显著改变他们的经营方式这种说法。普华永道的广义定义中，人工智能是一个计算机系统的集合术语，它可以感知环境、思考、学习并采取行动来响应所感知的内容和目标。

离钱最近的金融行业对技术是最敏感的，除了率先炒热各种人工智能题材的金融产品大赚一笔外，还利用人工智能工具提高收益，或者减员增效。就前者来说，各类量化和高频交易模型算是朝这个方向迈出了半步，而就后者来说，已经有不少初级分析师在瑟瑟发抖。人工智能可以做的事显然不只是搜集数据和制作 PPT，比如在给黄金这种特殊商品定价方面就可以显露身手。

合理的黄金定价体系依赖于数据处理。鉴于可用数据量的不断增加，传统的工程解决方案很快将不能胜任这项工作。人工智能在图像和语音识别、问题解决、决策和自然语言处理（NLP）等领域的广泛应用证明了其具备模仿和增强人类认知功能的能力，这种技术允许组织使用数据更有效地适应新情况和解决问题。机器学习（ML）这种人工智能应用提供了从一系列观察中提取特定知识和模式的能力，可以构建处理数据并自行学习的机器，而无须持续的人工监控[74]。

在黄金市场中，人工智能可以应用于市场分析、自动化交易、高风险管理等环节，它能事无巨细地绘制出全面的黄金关键供需图，细化到每一次停电或者罢工的影响，还能做出加息预期，掌握风险敞口。通过挖掘出一部分隐秘的黄金大数据，细化运输和存储成本等多方面的变量，人工智能可以捕捉市场上的短期炒作行为，在黄金定价中排除这些异常因子，让价格实现回归，并揭示其认为当前不透明的定价。

人工智能可以分析大量数据集并适应不断变化的市场条件，从而改变传统做法。因此从理论上说，人工智能已跨过给黄金定价的技术门槛。

人工智能看上去能给黄金定价，可具体实施，需要黄金行业逐渐探索——好在探索一直是这个行业的强项，其看家本领就是从深埋在地下的成吨的矿石中，找出几克的黄金。

数据资源是这个时代的矿石，基于恰当算法的人工智能是永不疲惫的矿工，而制定出的价格则是精美的黄金制品。这种矿工并非ChatGPT那样的通用大模型，而是专精于黄金领域的专业小模型。

使用专业模型的人工智能给黄金定价利用的是人工智能强大的数据处理和算法能力，对黄金定价的各个环节进行支持和帮助，从而提升黄金定价的准确性和效率。这种定价方式对卖方和买方的博弈关系更敏感，能让价格形成更趋接近中线。

使用人工智能专业模型优化黄金定价，它的优点是可以充分利用海量的数据和先进的算法，以及灵活的接口和平台，实现黄金定价策略的智能化，其过程包括收集和分析数据、建立定价模型、实施黄金定价、信息反馈优化等。黄金产业传统上包括勘探、开采、粗炼、运输、精炼、检测、仓储、加工、零售、回收等多个环节，而人工智能给黄金定价也同样分成多个步骤来完成任务。

收集数据是构建预测黄金价格专业模型的第一步，这相当于黄金产业链上的勘探和开采。要创建有效的黄金定价模型，必须拥有涵盖影响黄金价格所有因素的完整数据。相关历史数据种类繁多，如黄金定盘价、黄金产需数据、美元等主要货币汇率、主要央行汇率、主要国家通胀情况、特殊事件、运营成本、原油和铜等其他大宗商品价格、市场指数和技术指标等。参考使用的数据或参数越多，形成的定价模型就越准确。

　　不过这些海量的黄金原始数据并不能直接使用，而要进行第二步数据预处理，将其转换为适合机器分析的格式。数据预处理相当于黄金产业链上的粗炼，这个过程涉及删除异常值、处理缺失数据、合并重复项、目标变量生成标签以及对数据统一化等技术调整。在这些处理过的数据中识别并选择影响黄金定价的相关特征或因素，如工业需求、季节性调整、央行储备、ETF 的仓位情况等，并进行有针对性集纳，以创建最终数据集。除了开发指数移动平均（EMA）等技术指标外，数据预处理还结合黄金市场的特征，从数据中提取重要信息。

　　第三步是将黄金定价模型建立在对多个数据集的机器学习基础上。这个环节的直接挑战在于如何有效地选择和设计一个合适的数学模型，以及如何有效求解和验证建立起算法和统计模型。完成这一步相当于黄金精炼，人工智能大模型可以利用机器学习、深度学习、强化学习等技术，来挖掘分析之前所标注出影响黄金定价的特征数据，并建立它们与定价结果之间的关系。机器学习在推动人工智能定价算法的核心功能方面发挥着至关重要的作用。根据金价相关数据集对模型进行进一步训练，如使用 Logistic 线性回归分析等让模型学会识别各种因素和价格形成之间的相关性。训练模型的预测精度取决于数据质量、特征选择、模型选择和预处理方式等因素，加入央行政策或金融市场不稳定等外部影响力因子，可以进一步提高定价精度。通过分析这些数据，机器学习模型可以识别人类分析师可能遗漏的模式、相关性和趋势。

　　第四步是验证测试。前期验证黄金定价模型效果的方式之一是进行中短期价格预测的测试。黄金进入市场都需检测和验证纯度，定价模型也是如此。线性回归模型可用于预测黄金的实际价格，利用测试数据对模型性能进行测试，确定训练后模型的预测精度。人工智能给出的金价曲线和现实价格走向越贴近，说明模型构建越成功，如果发生较大背离，则需要调整相关参数。

定价模型的建立并非一劳永逸，第五步是需要对人工智能给出的价格模型参数根据情况变化进行自适应的实时反馈和调整，这相当于金饰产品的精加工和调试。人工智能定价算法持续监测黄金数据和市场变化，包括根据需求波动、风险变化或其他相关因素对定价模型参数进行自动调整。机器学习的定价优化还能使用历史数据、图像和视频等非结构化数据，并自行创建定价规则，该规则能随着周围情况的变化而动态迭代学习。此外人工智能定价算法还拥有反馈回路，当有新的黄金数据可用时，该回路会不断自行完善模型。这确保了算法能够适应不断变化的市场条件，并随着时间的推移保持准确。

第六步是人工干预发挥安全阀功能。将黄金定价权交给人工智能后，人并非就此可以当甩手掌柜，而是要在定价过程中扮演监控和评估的角色。市面上的黄金产品都在监管框架下，定价也是如此。通过密切监控人工智能黄金定价算法，以确保它们达到预期结果，并定期进行评估和调整，以提高金价的准确性和有效性。此外，人工智能大模型可以利用实时反馈、数据可视化等技术，对定价进行优化。如何有效地将价格方案转化为价格行为，以及如何有效地与用户和渠道进行沟通和协调，是人工智能定价的现实挑战。这一步是当前机器难以完成的，也需要人们来对价格的适用性进行推广。

六步走的方案让人工智能参与黄金定价不再是科幻的提法，但将这套方案从理论上运用到现实中的效果如何，还需实践检验[75]。

四、听机器的报价还要除"三害"
技术革命的成果要想被广泛接受并迅速普及，需要解决行业的难点、痛点、堵点，出具简单高效的解决方案。这些方案不仅要看上去美，更需要用上去行。

目前黄金定价机制的弊端在于透明度低、可监管性差和受操纵可能性高这"三害"，人工智能定价主打的优点则是全面和高效。传统的黄金撮合交易定价方法被认为不但耗时，而且容易出现人为错误，相比之下人工智能算法可以在很短的时间内处理和分析大量数据集，从而形成定价。就当前情况看，并非全面和高效对黄金市场不重要，而是人工智能的这些特点和当前定价机制中需要解决的主要问题之间，存在明显的错配。

因此，人工智能给黄金定价如果被广泛接受，除了要保持自身特点外，还要解决所谓的"三害"的问题：

人工智能定价会透明公正吗？

制定金价过程中最大的挑战在于缺乏透明度。在信息不对称的情况下，定价是买方和卖方利益的博弈。在博弈过程中价格或被压低，或被拉升。人工智能在这方面的优势在于尽量缩减信息差，在定价中恪守机器中立。

人工智能对黄金定价和买卖双方保持同等距离，不会添加影响价格博弈的因素。一方面对黄金卖方成本进行准确的计算和分析，如矿山生产成本、运输成本、精炼成本、储藏成本等，并估算出各环节的利润率。同时综合黄金买方使用数据、市场对不同的定价水平的反应，以监控和评估定价策略的效果和效率。

算法通过分析大量数据，包括市场趋势、经济指标，甚至社交媒体情绪等，使人工智能可以识别模式并预测价格走势，帮助市场参与者作出更明智的决定，并减少价格突然波动的可能性。要明确的是，提高黄金交易的透明度是提升定价质量的一个关键点，但提高透明度不能单靠人工智能广泛搜集信息，更重要的是要靠制度规定打破一些"数据黑箱"，让人工智能模型有条件获取有效数据。

人工智能能否增加市场透明度取决于它们所用训练数据的质量。如果训练数据有偏差或不完整，算法可能会延续现有的不平等或加剧市场偏差。在具有代表性的数据集上得到训练，才能有效解决算法偏差。专用人工智能只有认识到市场参与者的身份或其交易活动的细节，才有线索确定潜在的操纵行为；只有收集到黄金持有量或交易量方面的数据，才能构建起市场完整性的模型；只有披露交易量和头寸，才能让交易信息被纳入人工智能视野。比如欧洲证券和市场管理局（ESMA）根据《金融工具市场指令》（MiFID II）要求公布交易量数据，以提高黄金衍生品市场的透明度，伦敦金银市场协会也定期公布库存数据。如果接触不到这些核心数据，人工智能的收集和处理信息能力也难以发挥正向的作用。

人工智能定价能够促进定价机制公开透明，但前提是要有公开透明的数据源。

人工智能制定的金价不会被操纵吗？

理论上说，只要有人参与的定价机制都有被操纵的可能，人工智能定价也不可能完全脱离人来单独运行。

整个黄金产业链都会直接或间接受益于人工智能的定价优化——或许只有目前不透明的定价机制和参与其中的定价机构除外，更精确的价格和更高的效率对供需各方都更有利。使用人工智能制定金价，好的一面是在生成式机器学习的基础上出现的金价不会太夸张，而且鉴于现有定价机制在这方面做得也不好，因此没多少人会去责备机器给出的数字。不利的一面是从价格模型到生成具有公信力的基准价有很长的一段路要走，毕竟当下确实没多少人能完全相信机器给出的数字。

有人担心人工智能定价的算法可能被操纵。机器算法可以通过编程来人为地抬高或压低黄金价格，干扰价格博弈，从而导致市场扭曲，并给某些参与者带来不公平的境遇。这种价格操纵可能产生深远的后果，不仅影响个人投资者，还会影响全球金融体系的稳定——从其负面影响看，丝毫不弱于已经声名狼藉的"巨头密室定价"。

因此确保这些算法受到严格的监督和管理至关重要，实施第三方审计和强制披露算法策略等措施有助于降低操纵风险。为遏制人工智能算法对黄金价格操纵的潜在误用甚至滥用，必须建立健全监管框架。监管机构、市场参与者和技术专家之间的合作对于在创新和市场诚信之间取得平衡至关重要。

当然，人工智能可以更迅捷地分辨出基于非算法逻辑的价格操纵行为。比如潜在黄金价格操纵的首要迹象之一是出现异常价格变动，这种变动可能表现为突然而显著的价格飙升或下跌，而这些急剧变化不能用供需变化等基本因素来解释。如果黄金价格在短期内经历了急剧和无法解释的涨跌，可能是受到操纵的结果，人工智能对这种情况会更敏感，可以通过分析交易量和市场深度来进一步调查此类异常波动，以确定它们是否与市场基本面一致，或是受人为力量驱动。

如何搭建人工智能制定的金价的监管框架？

监管捍卫定价机制的底线，也是定价机制中最需要人工参与的部分。虽然人工智能给黄金定价是要尽量减少人为干预，可在监管部分必须有足够的大脑惦记着、眼睛紧盯着。

人工智能驱动的算法能够通过提高效率改变黄金市场，但在技术进步和监管监督之间取得适当的平衡，对于确保数字时代的黄金定价公平、透明至关重要。通过监测系统加强对交易活动的审查，确保人工智能定价在正确的轨道上运行。监测措施的有效性在很大程度上取决于数据的可用性、数据质量以及市场参与者的合作。此外，黄金市场的全球性质对协调各司法管辖区的执法工作提出了挑战，需加强不同司法管辖区监管当局的协作——这些环节都需要人工来完成[76]。

人工智能在监管方面已逐渐成为一种有效的监管工具。美国商品期货交易委员会（CFTC）等监管机构加大了对潜在操纵案件的监测和调查力度，通过利用先进技术和数据分析，查明可疑的交易模式并采取适当行动。因此在黄金定价领域，可能会出现操纵智能定价之矛和监管智能定价之盾的竞赛，这场人工智能竞赛类似于奥运赛场上的兴奋剂使用和反兴奋剂检查之争，只不过一方争夺的是金牌，另一方争夺的是黄金市场巨大的利润。

针对人工智能定价，监管要求增强透明度、报告交易行为和加强风险管理，这些都能让黄金定价更准确，也更让人放心。只有在这样的价格下，思量买贵了还是买便宜了，才有意义。

第四章

买金最好的时机是昨天，
其次是现在

熬过上一章略显枯燥价格分析的读者，对黄金足见拥有真爱。就凭这份真爱，也值得在接下来这章享受一份轻松。接下来要讨论投资者关心的另一个问题：黄金是买早了还是买晚了？

回答这个问题比洞悉纷繁复杂的价格要简单得多，足以一言以蔽之：买金最好的时机是昨天，其次是现在。

这背后的逻辑很简单，"因为黄金是钱，但又不是钱。"对这种财富的象征来说，只有拿在手中才最让人放心。

说黄金是钱，这派的拥趸能找出上百个理由：从大英博物馆里的吕底亚金币，到海昏侯墓葬里的马蹄金，从莎士比亚在《雅典的泰门》中的"黄金咒"，到马克思政治经济学里"天然货币论"的判断……人们对黄金的狂热，是在追逐作为一般等价物的财富。

说黄金不是钱，理由则是现实的。自从 20 世纪 70 年代布雷顿森林体系瓦解后，黄金与美元的脱钩彻底埋葬了金本位制度。时至今日，在信用货币大行其道下，没有一个国家会让法定货币重新接受黄金的束缚。一个饥寒交迫的人，理论上也很难用兜里的一块黄金到饭店付账，以换取一碗热气腾腾的汤面。

现在人们一般会从货币属性、商品属性和金融属性三个角度理解黄金。然而。就货币属性而言，它本身就是一个剪不断、理还乱的矛盾综合体。经济学家凯恩斯在一战后就对黄金货币化大加批评，但在 20 世纪 70 年代黄金非货币化趋势盛行之后，作为货币发行方的全球各大央行，却仍然牢牢把攥金库里的官方黄金储备。

从时间轴上看，黄金在货币序列里的服役期已经超过 3000 年，比使用了千年的纸币和十几年的电子货币都要久远得多。正因为其具有极强的货币属性，难以被发钞机构掌控，所以有些国家在一段时期里并不允许个人持有黄金。

在金店银楼遍布的当下，不允许个人持金是件难以理解的事。梳理这种特殊政策的前因后果，会对黄金的货币属性有更深入的理解，也更能判断什么时候是买入黄金的好时机。

一、美国：禁金令，十年刑期和两倍罚款

美国著名律师弗雷德里克·巴伯·坎贝尔登上了《纽约时报》的律政版面，但不是以辩护律师的身份，而是当事人。

1934 年 6 月 19 日的《纽约时报》用的标题是《律师因持有黄金而败诉》。报道的是前一日美国第二巡回法院在做出的一项裁决中，驳回了坎贝尔律师的上诉。此前坎贝尔起诉大通银行不让他取出存在里面的黄金，而银行的理由是根据美国的行政令，个人持有黄金是违法行为。

个人持有黄金现在是司空见惯的事，可在那个年代的美国却是违法行为。美国经常被当作是自由市场经济的灯塔——至少在 2017 年特朗普就任总统前是如此——然而就是这个在全球宣扬"自由市场"的国家，在 20 世纪 70 年代前很长一段时间里，美国不准黄金在民间流通买卖，当时美国政府将个人存放黄金在家里保险箱的行为定为犯罪，也规定银行不能向坎贝尔律师这样的客户交付黄金。

美国的"禁金令"和 20 世纪 20 年代末 30 年代初的"大萧条"带来的冲击直接相关。21 世纪后遇到经济衰退，比如 2008 年的华尔街金融风暴，为了刺激经济，美联储会给市场注入流动性，亮出"量化宽松"这件法宝。这一屡试不爽的刺激政策，根本上就是让印钞机开足马力，多发行货币，拉动通胀。

但在 1929 年的"大萧条"中，美联储最初不进行此举，因为当时印钞是受到"黄金纪律"约束的。自 19 世纪 30 年代开始，美国一直

采用事实上的金本位，并于 1900 年在法律上确定了金本位制度[77]。为了维护美元金本位的稳定，1913 年金本位制被纳入了美联储的框架。美国《联邦储备法案》明确规定，美联储发行的货币必须有 40% 的黄金储备作为支持。这意味着每印出一美元的纸币，政府就需要持有相当于 40 美分的黄金。通常情况下，美国居民会把黄金存到银行里，银行则把这些黄金集中起来储存在美联储的金库中。美联储根据持有的黄金和市场对货币的需求，来判断向市场中投放多少货币。

第一次世界大战后美国经济增长稳健，市场对货币需求保持旺盛[78]。为给经济增长护航，美联储当时的货币发行量已基本达到《联邦储备法案》规定的 40% 上限。定格发行货币的结果之一是当"大萧条"来临时，银行发生挤兑的情况下美联储的"弹药库"里却没多少货币政策的"火力"可用，无法进一步通过增发大量货币向银行注入资金。拘囿于货币发行量要与黄金持有量挂钩的规定，美联储在持有的黄金减少的情况下，甚至还不得不在金融危机期间减少货币发行。

货币发行方被经济危机搞得焦头烂额，而与纸币失去信任形成鲜明对比的，则是黄金在"大萧条"期间充分发挥出自古以来的抗通胀功能，受到普通民众追捧。美国民众当时纷纷从银行取出存款，买入大量黄金，"金贵钱贱"的形势愈演愈烈。美国历史学家威廉·曼彻斯特在鸿篇巨制《光荣与梦想》中描述了这一情况："自从股票市场大崩溃以来，全国倒闭的银行已超过 5500 家；可以想见，群众的心情是多么惶惶不安。他们的对策是囤积黄金、货币。这时银行黄金库存每天要减少 2000 万元，储户搞不到黄金就要纸币。结果是：一方面，作为货币储备的黄金越来越少；另一方面，财政部又不得不增发纸币。"[79]

货币发行量不足会导致银行资金短缺，在储户挤兑影响下金融机构脆弱性上升。信心不足的人们取出的黄金太多，从而导致美联储储备空虚，美联储则被迫进一步降低市场上的货币供应量。这种恶性循环使"大萧条"前期美国的经济情况越来越差。而且在危机中黄金使用增多，纸币有逐渐被挤出经济领域的苗头，带来进一步通货紧缩的风险，无论哪个政府对此都难以容忍。

金融危机期间大量黄金从美联储流出，1933 年 2 月底，短短一周的时间美国就减少了价值 2.26 亿美元的黄金库存。1933 年 3 月，当纽约联邦储备银行无法再履行将货币兑换成黄金的承诺时，时任美国总统罗斯福宣布进入"国家紧急状态"，并下令所有银行在四天内关闭，以防止"黄金、银币、金块或货币的出口、囤积"。类似古罗马时期曾实行的收金令。

之后美国国会火线通过《紧急银行法》赋予总统控制黄金在国内外流动的权力，它还赋予财政部部长强制居民交出金币和黄金凭证的权力。为了促使黄金回流，美联储发布命令，当年的 2 月 1 日以后在银行中提取过黄金的人，如果在 5 天内不退回黄金重新储存，银行就会将他们的姓名公之于众。后来美联储又扩大声索范围，进一步收紧政策，要求各家银行将过去两年中提取过黄金的顾客名单上报给美联储。

1933 年 4 月，罗斯福政府通过了第 6102 号行政命令，要求所有美国居民交出持有的金币和金条，在银行里以每盎司黄金 20.67 美元的价格兑换成纸币或转化为银行存款；银行收到黄金后集中上缴给美联储。该行政命令规定在美国境内囤积金币、金条是非法的，任何私藏黄金者，将被重判 10 年监禁和两倍于未上缴黄金金额的罚款[80]。

为了收缴民众手里的黄金，美国政府不但出动了大量警察，甚至还动用了情报机关。黄金禁令颁布后，有不少美国人由于非法持金被捕。其中首个有记录的被捕者就是开头提到的纽约律师弗雷德里克·巴伯·坎贝尔。

坎贝尔在 1932 年 10 月和 1933 年 1 月购买了 5000 盎司的金条，并将其交付大通银行保管。1933 年 9 月 13 日，大通银行通知坎贝尔，由于美国总统的一项行政命令，他必须交出这些金条。坎贝尔在接到通知 3 天后，书面要求银行立即将黄金交付给他，但遭到拒绝。坎贝尔对大通银行提起诉讼，认为此举是为了保护其所拥有的特定财产免遭不当处置。作为回应，联邦政府逮捕并指控坎贝尔试图囤积黄金，违反了行政命令。

在对"坎贝尔诉银行"案的判决中，坎贝尔最终败诉。巡回法官曼顿在判决书中写道："原告对其诉讼理由提出了一些预期的辩护，并声称辩护因美国宪法的某些条款而无效，而这理由是不充分的……并没有表明原告的诉因是根据宪法提起的。"

禁金行政令不断被挑战，于是就升级效力将其变为法律。罗斯福总统 1934 年 1 月签署了《黄金储备法》，美国正式将黄金官方比价调整为每盎司 35 美元。该法还规定美国人民无权自由兑换黄金，美联储需将黄金所有权移交给美国财政部。通过提高黄金的美元价格，美国财政部持有的黄金以美元计价的价值大幅上涨，如此美联储就能在不违反《联邦储备法》中货币发行量不超过黄金储备价值 40% 的规定下，增发更多美元来应对银行挤兑的危机[81]。

美国政府虽然通过给黄金"涨价"让增加货币发行合法化，但此举对于个人来说却是财富盘剥。毕竟美国人在七个月前刚按规定以每盎司 20.67 美元的价格向银行卖出黄金换成美元，紧接着手里的美元就没之前那么值钱了。《黄金储备法》出台后，美国公民捍卫自己黄金财产的权利被剥夺干净。

在《黄金储备法》颁布后，美国因违反这个法律被逮捕的人数众多。

旧金山的珠宝销售商古斯·法贝尔就因密谋向投资者出售 13 枚金币被捕并受到指控。

在美国禁金令期间，唯一不太受影响的是牙医。由于黄金是牙科中普遍使用的填充材料，所以当时规定每位牙医可以持有不超过 100 盎司黄金。1933 年 7 月 26 日，哥伦布牙科制造公司向克利夫兰联邦储备银行申请 10000 美元的纯金，第二天银行就批准了申请，向该公司发送了 29 根金条，重 476.92 盎司，价值 9867.14 美元。

禁金令使得黄金在功能上从一种货币转变为一种商品，甚至美国财政部拥有的金币也被下令熔化并铸成金条。通过从个人手里收取黄金，美国财政部持有的黄金价值在一年中增加了 28.1 亿美元。

禁金令削弱了黄金的货币属性，1971 年美国总统尼克松发表电视讲话，宣布将美元从金本位中剔除，更进一步让黄金与货币"分手"。在尼克松将美元"开除金籍"三年后，他的后任福特废除了禁止美国个人持有黄金的《黄金储备法》。

1974 年 12 月 31 日，福特总统向美国投资者赠送了一份精美的新年礼物。他签署了国会的一项法案，使公民个人投资和囤积黄金合法化。从那时起，在销声匿迹了 40 多年后，黄金重新"飞入美国寻常百姓家"，直到此时人们才不会再像坎贝尔律师那样，由于非法持有黄金而被捕。

二、苏联：用外宾商店抽干国内黄金

20 世纪有近一半的时间里，国际局势的主题词是"美苏争霸"。当时地球上两个超级大国在政治上针锋相对，可在经济政策中对待黄金的态度却相当一致：黄金都由政府控制，个人不得染指。

外宾商店，顾名思义是针对外国人开设的商店。苏联的外宾商店却是个颇为古怪的存在，在很长一段时期内是国家手里的"吸金机器"。

苏联对个人持有黄金严格管制，采取没收、赎买等多种形式让个人持有的黄金无所遁形，外宾商店就是把黄金从人民口袋中抽到国库里的一个工具。

1931年1月，苏联开始建立外宾商店系统，先是开设在莫斯科和列宁格勒等大城市，后来逐渐形成覆盖全国的庞大网络。显然吸引外宾用不了这么多店面，可如果放到管理本国黄金的角度看，这样全方位的网络就是有必要的了。

外宾商店的"吸金"功能，要放到苏联对禁止个人持有黄金的遍遍筛沥的背景下考量。对个人持有黄金的第一道筛沥是发布禁金令。1920年4月，苏俄颁布了没收黄金的法令，该法令规定没收所有居民手中的黄金和贵金属饰品，任何形式的贵金属都必须上缴国家，藏匿贵金属者将面临至少10年的监禁和没收所有财产的处罚[82]。法令还规范了上缴黄金的程序。在此之前，苏俄剥夺贵金属的活动以阶级斗争为理由、在没有任何法律依据的情况下进行。

为和没收黄金法令配套，苏俄同年设立了国家贵金属和宝石管理中心（Gokhran）[83]，负责对政府从王室和贵族手中收缴的大量金银、宝石、贵金属及镶宝石勋章奖章，以及教会的金银法器、金银丝挂毯等进行鉴定、保管和出口。这一机构由列宁直接管理，其库存贵金属数量高度保密，甚至连央行也无从知悉。后来苏联时期开采的黄金和钻石，以及苏联境内考古出土的金银文物也归这一机构保管。

经过一系列搜集、没收、赎买后，按照价值计算，苏联国家银行的黄金外汇储备从1920年的1.95亿卢布增加到1924年的3.44亿卢布，到了1925年1月1日，苏联的黄金储备已经达到了141吨。

这些黄金在从国外进口粮食度过大饥荒中发挥了重要作用，但对于苏联实现工业化仍有不足。1928年开始的"一五计划"是苏联为摆脱落后的农业国面貌而实行的大规模有计划的全面的社会主义建设，由于引进外国设备与技术需要巨额外汇，苏联进一步意识到黄金的重要性。再加上西方"大萧条"的冲击，苏联政府继续加强对黄金的控制。20 世纪 30 年代初，苏联再次实施了一系列法律，限制个人购买、出售和持有黄金。这些法律旨在保护国家黄金储备，防止黄金外流。

为了实现工业化，苏联当局欠下了巨额外债，债主名单包括英国、德国、美国、意大利、挪威、瑞典等多个国家。到 1931 年债务总额达到 14 亿卢布，这些债务只能用黄金偿还。由于国库中没有足够的黄金，苏联当局决定没收普通公民的黄金和白银，将大量白银收入国库，黄金持有者甚至可能被逮捕。1931 年，苏联当局进一步将没收范围扩展到金银家庭用品，这意味着连普通人家里祖传的金银餐具都被收走了。

在苏联工业化启动前后，贵金属储备在苏联央行全部外汇储备中的占比从 1927 年的 52.5% 上升至 1937 年 94.7%。这些黄金来源一方面是国内矿业开发，当时苏联每年能开采上百吨黄金；另一方面是 1936 年处于内战中的西班牙政府将 560 吨黄金储备运往了苏联。

在经历了大约十年对个人持有黄金的没收、赎买之后，第二道筛沥"漏网之金"就是通过商业系统让人们"自主交易"。在这一过程中外宾商店扮演了重要角色。

1931 年 1 月，苏联开始建立外宾商店系统，在这类商店里出售食品、衣服等市面上稀缺商品。外宾商店设立之初，在莫斯科和列宁格勒向外国游客出售古董并在苏联的港口向外国海员提供补给，从这类交易中赚取宝贵的外汇。工业化需要大量的资金，外宾商店在 1931 年 6 月向苏联本国的公民敞开了大门，而且本国人很快成为外宾商店的主要客源。外宾商店曾经的宣传是"苏联公民应该在短时间里把金银制品兑换成'外宾商店'里最好的商品"[84]。

起初，苏联公民可以在外宾商店使用沙皇金币购买商品，之后可以使用金器、白银、宝石、外汇现金以及境外汇款进行交易。叶列娜·亚力山德罗夫娜·奥索金娜在其所著的《苏联的外宾商店》一书中认为，外宾商店系统存在的目的是"为了工业化所需的黄金"[84]。

人们拿出藏匿的黄金到外宾商店买东西，完全是出于生活所迫。苏联在 1932 年到 1933 年遭遇"大饥荒"，数百万民众在此期间失去生命[85]。然而这个哀鸿遍野，路有饿殍的两年却成了外宾商店获得大量金银的窗口期。有报告显示，1932 年春天青黄不接的时候，数以万计的人们在基辅的外宾商店门口连续几个星期排起长队，就是为了能从商店中买到一些宝贵的面粉。俄罗斯历史学家帕维尔·菲列罗夫斯基写道："百姓们携带家中的金银首饰去外宾商店换取食物，因为普通商店里根本就没有商品。面包的供应量减少了，很多人根本就没有其他可以得到面包的途径和方法。携带最多的就是家里的金银首饰，用以购买面粉、糖类和其他的生活必需品。"

为了在"大饥荒"中有口饭吃，苏联民众不得不翻箱倒柜拿出传家的金银首饰，在外宾商店里换点食物。来自饥饿的民众手中的黄金，通过外宾商店系统汇集起来，被源源不断地输送到国库中。外宾商店为实现苏联工业化所需的硬通货筹集到资金，但普通百姓手里的黄金却被搜刮一空。

有统计显示，外宾商店的收入中有 44% 是金币和金条，1932 年到 1935 年的 4 年间，外宾商店从苏联民众手里收购超过 100 吨黄金，而同期苏联在北方大力开发的金矿只生产了 20 多吨黄金。在"一五计划"期间，全苏联外宾商店从苏联人手中收购的黄金珍宝，足以支付苏联进口五分之一的工业设备、技术和原材料。在一些特定的年份，这一比例甚至更高。比如 1933 年，通过全苏联外宾商店收集起来的有价物品价值相当于苏联工业进口额的三分之一。当年全苏联外宾商店供应联合公司的外汇收入超过了苏联谷物、木材和石油出口额。

　　客观地说，外宾商店在为苏联工业化筹集资金的同时，也完成了一项重大社会使命，帮助数以百万计的民众撑过饥荒岁月。随着民众手中最后几件金器被筛沥殆尽，1935 年 11 月外宾商店停止接受黄金。1937 年 1 月，苏联人民委员会颁布了"关于货币贵重物品交易"法令，规定所有金币、金砂等形态的贵金属交易被国家垄断。

　　第二次世界大战期间，苏联政府对作为战略物资的黄金控制进一步加强。1941 年，苏联政府发布了一项法令，要求所有公民将手中的黄金出售给国家，以支持战争。此外，苏联还禁止了黄金的私人交易。

　　苏联付出惨重代价赢得了二战胜利，并奠定了"两超"之一的地位。但在战后时期，苏联并没有放松对个人持金的禁令，而是继续实行严格的黄金管制政策。1947 年，苏联政府颁布了一项法律，规定所有黄金必须由国家垄断，个人不得买卖或持有黄金。此外，苏联还对黄金生产、加工和销售实行了严格的控制。这一政策旨在确保国家对黄金资源的控制，出于国家的经济安全和战略储备考虑防止黄金外流。从 20 世纪 50 年代起，苏联任何含有黄金原材料的电子设备都在设备使用手册中包含一张表格，其中描述了电子元件中的金、银和铂含量，并鼓励公民出售旧设备并进行回收。

　　战后的两强争霸格局中，苏联在政治军事方面或许不落下风，但在经济民生领域却被美国逐步拉开距离。在遭遇了农业生产崩盘后，为了养活国民，1963 年苏联创下了用黄金购买物资的纪录，一口气花出了 520 多吨黄金，其中 372 吨黄金用于在国际市场上购买 1300 万吨土豆和小麦等主粮。

　　20 世纪 70 年代美国的禁金令寿终正寝，但苏联僵化的经济体制却仍在惯性下保留了这一限制。直到苏联解体前不久的 1987 年，在戈尔巴乔夫的新政下对黄金的管制政策才逐渐放松，允许个人购买和持有黄金饰品。但当时苏联金饰中的贵金属含量很低，按照国家标准只有 58%，其余的含量是银和铜。

值得一提的是 1975 年到 1982 年间苏联曾经生产过一批被称为"播种者"的投资金币，这批金币的含金量高，但并不面向国内投资者销售，而是为参加 1980 年莫斯科奥运会的外国人和外贸交易准备的，由当时成立的"国际钱币公司"负责售卖业务。

在 1989 年之前，苏联的经济改革虽然已经有了一些积极的迹象，但是普通苏联公民仍然不能自由地持有金条和金币，所有的黄金交易都需要通过国家控制的渠道进行。苏联的黄金出口由对外经济银行负责，该银行副总裁戈斯捷维伊 80 年代后期在接受《真理报》采访时依旧认为个人不宜持有黄金，因为"对个人不加任何限制地按现价出售黄金，会导致大量黄金落入私人手中，这样未必能改善财政状况。"

直到 1990 年，苏联才逐渐放宽对黄金交易的限制，开始允许个人购买、出售和持有黄金，但那时苏联作为一个超级大国已经逐渐敲响了解体的丧钟。

三、中国：在"贫金"时限制，"富金"时放开

新中国成立早期，经济政策借鉴苏联模式，在对黄金的管理方面也是如此，同样不许个人持金。

黄金在当时是"国之重宝"，新中国成立前后就曾打过一场没有硝烟的"纸币与黄金战争"。因为之前老百姓深受法定货币和金圆券恶性贬值之苦，更信任金银而不是纸币，一开始也对解放区发行的货币疑虑重重。当时金价涨幅惊人，人民币则在投机客的打压下持续贬值。

为了树立人民币的权威，解放军先是在 1949 年 6 月快速查封了上海外汇黄金交易市场，黄金自由买卖被禁止，中华人民共和国成立后又将在解放区早已实行的黄金统收专营体制在全国铺开。

新中国成立半年后，1950 年 4 月央行制定下发《金银管理办法（草案）》，规定国内金银买卖统一由中国人民银行经营管理，使用黄金的单位按照配额由中国人民银行安排配售，冻结民间金银买卖，黄金主要被用于紧急国际支付和外汇储备。国家通过严禁金银民间买卖，打击了黄金和银圆投机倒把活动，有效遏制了猖獗的贵金属走私，增加了国家的金银储备——新中国成立时全国黄金储备只有 6000 多两[86]。在西方严格封锁和国内生产力水平相对低下的情况下，黄金几乎是国家手里唯一可以大量应用来应对突发事件的硬通货。

国家对黄金进行严格管制使其在国内失去了货币职能。让人们手里拿着人民币花钱，而不是留着黄金作为价值储备工具。此举消除了新生人民币的竞争对手，巩固了人民币的本币地位。这也意味着从中华人民共和国成立起，中国就严格限制个人持有黄金，并关闭了针对个人的黄金市场。

新中国成立后，中国政府长期实行严格的黄金管制政策，禁止个人持有和交易黄金。这是为了保护国家的黄金储备，确保金融稳定。虽然个人黄金市场被冻结，黄金在消费端流不到个人手里，但中国的黄金仍不够用。因为 1949 年中国黄金产量仅仅 4.07 吨，这个生产水平不到 1911 年清朝末年产量的三成，也低于国民党政府时期的平均水平。

对黄金的严格管制让大量的民间藏金通过银行被统一回收。国家动员群众主动把黄金卖给银行，当时人们到银行卖黄金时必须要带上户口本以证明身份，银行的收购价格为每小两黄金 95 元人民币。

加上民间收来的黄金也不足以解决外汇支付难题。1957 年，周恩来总理指示"发展黄金生产，解决外汇急需"。黄金工业获得了政策、人力、物力、财政等多方面支持，一轮采金热潮在全国范围内出现。黄金冶炼企业也随即扩大金银原料来源、提高技术和改进设备。这轮生产热潮效果显著，到 1958 年全国黄金产量达到 6.89 吨，成为新中国成立后产量最高的一年。

被集中使用的黄金没有出现在个人消费市场上，都花在了国家发展计划的刀刃上。1958 年我国动用了 150 吨的黄金储备换成美元，用于进口一批急需的物资。在三年自然灾害期间的 1960 年，国家又再次拿出黄金换汇进口粮食供应民众。

现在中国虽然已经连续近 20 年荣膺全球最大黄金生产国，年黄金产量一度超过 400 吨，但在 20 世纪中期，中国却是不折不扣的"贫金国"，当时生产出的每一公斤黄金都要精打细算，因此对个人持有黄金严格管理。1962 年全国黄金产量仅为 3.65 吨，是新中国最低黄金产量纪录。1963 年国家不得已对黄金买卖的限制进一步收紧，停止对金银饰品和加工原材料的供应，金银饰品不再对外销售。

中国对个人持有黄金的禁令在 20 世纪 70 年代末有所松动。为换取外汇，经国务院批准，中国人民银行 1979 年发行了纪念新中国成立三十周年纪念金币。这种纪念币一套 4 枚，均为二分之一盎司金币，面值均为 400 元。纪念币限量发行 70000 套，由上海造币厂和沈阳造币厂负责铸造。金币正面的图案都是国徽，刻有"中华人民共和国成立三十周年"及"1949-1979"字样；金币背面图案分别是天安门、人民英雄纪念碑、人民大会堂和毛主席纪念堂。中国人民银行铸造发行的这套纪念金币，是我国发行的第一套现代贵金属纪念币，是中华人民共和国成立之后金银纪念币的开山之作。更重要的是，面向个人的金币发行，迈出了中国开放金银市场的第一步，这一步虽然比美国要晚，但却早于苏联。

中华人民共和国成立30周年纪念金币

图 18　中华人民共和国成立三十周年纪念金币（资料来源：金币网截图[87]）

当时之所以对个人持金管理有所松动，是受到国内外两重因素影响。从内部来看，国内黄金生产屡创新高。周恩来总理 1972 年 3 月嘱托王震副总理："你要把金子抓一抓。[88]"之后黄金产量逐年提升。1977 年中国黄金年产量首超 15 吨，达到历史最高水平，而此前的纪录是 1911 年创下的。1978 年全国黄金产量再次大幅刷新纪录，达到19.67 吨。在有了更高产量后，对黄金的使用已经不需要再像前些年那样"斤斤计较"。在满足对外支付的同时逐渐有能力兼顾国内需求。从外部看，在 20 世纪 70 年代黄金和美元脱钩后，"黄金无用论"甚嚣尘上，也在一定程度上影响到国内对黄金的看法，国家对黄金的管理趋松。

个人持有黄金禁令一旦松动，口子就会开得越来越大，1982 年成为个人黄金市场回归的关键一年。

当年 8 月，中国人民银行发布了《关于在国内恢复销售黄金饰品的通知》，规定黄金原料有计划配售、产品定点生产和销售制度。国内销售的黄金制品被明确视为高级装饰品，黄金制品的售价需参照国际市场价格并做适当调整。通知下发后，中国恢复了黄金饰品的销售，这是允许大众持有黄金的重要一步。毕竟，之前金币的销售对象较为有限，而金饰的购买群体要大得多。

1982 年上海在城隍庙首次摆出了两节柜台用于销售黄金首饰。重新出现在市面上的黄金首饰立即吸引了大量民众，城隍庙不大的店铺中，天天人头攒动。金饰销售从上海逐渐推广到全国，多地出现了金铺柜台被挤坏的情况，当时金饰市场的黄金投放量为 1.5 吨左右，黄金重新进入中国普通人家的生活。

同年，中国人民银行发行中国第一套熊猫金币[89]，分为从 1 盎司到十分之一盎司四个品种。此后熊猫金币成为中国黄金市场的一张名片，逐渐和美国的鹰洋金币、加拿大的枫叶金币、南非的克鲁格金币齐名。熊猫金币每年更换一次背面的熊猫图案，正面均为北京天坛祈年殿外景。1983 版和 2001 版熊猫金币分别获得当年世界硬币大奖"最佳金币奖"。随着熊猫金币的发行，在国内逐渐形成了一个新兴的金币市场。

图 19　1982 年版熊猫金币（资料来源：金币网截图[90]）

从可以购买金饰到能买到熊猫金币，中断了 32 年的国内黄金市场被恢复，人们重新获得了持有黄金的权利。值得一提的是，1982 年全国黄金产量超过 27 吨，创下了历史最高纪录。而这个在当时看起来高不可攀的数字，到 7 年后的 1989 年又翻了一番有余，达到 56 吨，到 1995 年更是突破了百吨大关……这样的产量增速使得放开黄金市场、满足民间需求不再有压力。

随着人们收入的提高，对金饰的需求也日渐旺盛。1984 年金饰的市场供应不足，进一步刺激了消费，市场上形成抢购热潮。为解决供需矛盾，有效配合当时的工资改革、货币回笼政策，1985 年国务院批准下发了《关于加快黄金饰品生产和做好储备、销售工作的报告》，投放 100 吨黄金用于生产黄金首饰。黄金珠宝首饰从那时起从工艺美术产品中分离出来，成为独立的商品部类，获得了更广阔的发展空间。

20 世纪 80 年代初放开了黄金饰品零售市场，老百姓可以从金店买到金饰，但卖出只能卖给人民银行。而且黄金买卖的价格是由国家制定的，每克价格与国际市场并不接轨，之间有不小的价差，这就形成了地下走私市场。特别是在广东，那里与作为世界主要黄金交易中心的香港只有一水之隔，黄金走私猖獗，地下市场泛滥，不少人将一公斤的金条放在衣服里走私去香港。

中国个人黄金市场从放开到逐渐完善经历了 20 年时间。国家在 1993 年把执行多年的黄金价格固定定价方式改为浮动定价，中国人民银行 2001 年进一步宣布取消黄金"统购统配"计划管理体制。同年上海黄金交易所开始组建，央行启动黄金价格周报价制度，参照国际市场金价走势调整国内金价，放开足金饰品、金精矿、金块矿和金银产品价格。经过紧锣密鼓的筹备，上海黄金交易所 2002 年 10 月开业，中国黄金市场走向全面开放。

从狭义金饰的角度看，从 1964 年中国开始对个人持有黄金进行管制，到 1982 年重新放开为黄金加工业供应原材料金，中国的禁金令持续了 18 年。从包括金币在内的黄金投资品范围衡量，中国对个人持金的禁令从新中国成立到 1982 年，持续了 33 年。从所有黄金的品类放开的角度计算，禁金令则要进一步延伸到 2002 年上海黄金交易所开业才算完全废除，前后持续了 50 多年。

四、为啥个人持有黄金就这么难

当今投资者可以自由投资他们中意的包括黄金在内的资产，也能够完全掌控自己的贵金属投资组合。然而从以上对中美苏三国禁金令的梳理可知，黄金投资自由也就只有半个多世纪的时间。

黄金有很强的货币属性，这让它既是金本位货币的锚定点，也是信用货币的假想敌，这种双重身份让黄金成为禁金令的打击对象。回顾各国不允许个人持有黄金的历史，了解贯穿其中的三重关系，会对黄金的货币属性有更深入的了解。

首先是厘清黄金与金本位制度的关系。历史上实施禁金令的国家并不局限于中美苏三国，其一度是很多国家的选择，这与金本位制度的衰落有密切联系。

各国实施禁金令最初是为了维持金本位制的运行，压缩黄金的流动性。但由于黄金使用范围逐渐萎缩，被纸币取代，金本位制也随之失去基础、走向终结。

不少国家在后来逐渐放宽了对黄金的管制，允许个人持有和交易黄金。这些政策的变化反映了各国在不同历史时期面临的不同的经济环境和金融需求。20 世纪 70 年代后不少国家纷纷取消禁金令，澳大利亚、加拿大和新加坡都在 1973 年取消，日本在 1974 年取消这一禁令。

禁金令是国家在金本位制度下提振经济、捍卫本币的重要手段。由于 20 世纪 30 年代美国仍在执行金本位制度，人们囤积黄金成为政府面临的问题。人们购买黄金意味着他们对美元的不信任。但到1974年，旧的金本位制的残余已被完全废除，美元成为坚实的法定货币，它的价值不再取决于美国政府能否用足够的黄金对其支持。

其次是考虑黄金对内支付和对外支付的关系。禁金令是国家对于黄金流通进行严格的控制，这种政策取向有对内对外的一体两面。禁金令禁止了黄金货币在国内的流通和支付，实行黄金国有化，一般民众无权自由买卖黄金。同时黄金在国际市场上仍是公认的交易工具，只有国家才可以使用黄金储备作为外贸结算方式。

禁金令对内不许个人持有黄金并非某些国家特有的政策，也不与计划经济或市场经济挂钩，而是一种被普遍实施的经济货币管理方式。这一政策是金本位发展的阶段性产物，其实施和废除与各国货币管理的实际需求挂钩。在对外方面，除国际通用货币的发钞国外，大部分国家对国际货币的影响力有限，所以黄金仍有发挥作用的空间。比如在缺少硬通货的情况下，苏联在工业化时期进口设备和后来进口粮食都需要黄金支付，类似的是新中国成立以后，国家建设急需大量外汇，仅靠轻工、农副产品创汇已远远不能满足国家建设需要，同时又要面对帝国主义的封锁，在这种矛盾日渐突出的情况下，发展黄金生产换取外汇成为一项重要的政治任务。

通过禁金令，国家割裂了黄金的国内支付职能和国际支付职能，让黄金成为国家的一种重要的战略资产，而不再是一般民众可以自由使用的支付工具和财富储存形式。

取消禁金令并不等于断然否定黄金的货币职能，全球央行的金库里存放着超过3万吨的黄金储备就是最有力的证明，这些黄金时刻准备着在紧急时期发挥最后支付手段的职能。

最后是明晰禁金令中金饰和金币的关系。虽然同为黄金制品，但由于金饰和金币在亚洲和欧美所处的地位不同，因此在禁金令中各国禁止个人持有的力度也不同。

由于历史文化和传统习俗的原因，在黄金投资中，东西方的品类选择有同有异。朴实无华的金条是东西方都高度接受的投资选择，对于金饰和金币的偏爱则有所不同。

概括地看，亚洲国家，从中国到印度，从日本到泰国，都赋予金饰投资的职能。甚至是在欧亚结合部的土耳其，也有深厚的"床垫文化"。正是由于投资职能发挥作用，使得亚洲是全球最大的金饰市场，所以购买者也更倾向于便于变现的足金饰品。而在欧美，购买金饰方更多将金饰看作是一种消费品，相对更重视金饰在佩戴中的审美功能，因此购买更多的是硬度更高和可塑性更好的 K 金首饰。正是出于这个原因，欧美的禁金令松动时，率先放开的就是相对不太重要的金饰市场。

相比金饰，欧美国家更看重金币的投资职能，有更悠久的金币投资传统。当下欧美仍是全球主要的金币销售市场。金币在亚洲国家中是相对不太重要的投资产品，金币的渗透度和金币文化还需进一步提高。相对弱势的金币，因而也率先成为苏联和中国禁金令放开的"风向标"。

从较长的时间线看，当下是历史上难得的个人可以自由持有黄金的时期，应当利用好这个时间窗口。

第五章

黄金存放在哪里安全？

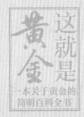

对黄金市场来说，2024 年是春和景明的好光景，金价多次刷新历史高位。

对大多数黄金投资者来说这是个收获的季节，但一小部分黄金投资者却面临着血本无归的风险，仅仅是因为他们在正确的时间里在错误的地点买了黄金：在金价高涨的时候，他们存放黄金的金店卷款跑路了。

这些年健身房、美发店、培训机构一夜之间人去楼空已经屡见不鲜。可金店跑路却不多见，毕竟挂着高大品牌、开在闹市之中、日常人流来往……一些金店看起来很有实力，这让买了金条的消费者能放心将货物存在柜上。可连续多家门店一夜关门，价值上亿的黄金不翼而飞，上演了现实版的黄金大劫案。

把黄金存在金店吃利息，这属于托管业务。有资格开展这项业务的是银行，金店从事这一业务属于违规。从合规上看，银行有准备金作为保底，金店则没这个设置，因此没人知道柜台上摆着的金条实际上已经被偷偷卖了几遍。平时这种"一金多卖"的行为不会露馅，可当金价高涨时，不少客户打算取回黄金或赎回锁定获利，这会对违规金店形成挤兑。拿不出足够黄金和资金链紧张的金店，在这种情况下就会提桶跑路。

店倒人跑，留下取不出黄金的人悲伤呼嚎。其实除了将黄金存放在金店之外，还有更多的存放选择。

一、国王跌倒，金匠吃饱

金店不能代为托管黄金，但银行可以。事实上，业务范围更为广泛的银行，向上追溯的话，最初有不少都是从金店发展出来的。

从晋商的票号到徽商的钱庄，中国金融机构的发展有自己的脉络。

中国历史上实行白银本位制度，黄金在金融体系中扮演的戏份不大。而在欧洲，黄金一直是货币的锚定物，在梳理银行的前世今生中，总能见到黄金的影子。

只有工商业繁荣到一定阶段，商人们才会有货币的储存、融资和异地存取等需要。现代银行的产生和17世纪资本主义的兴起密切相关。英国在最早出现资本主义萌芽时，还没有使用纸币，而是依靠金银币作为流通货币。

占体积、占分量的金币在远距离携带和大规模使用上并不方便，储存安全更是个问题，因此有钱人都要找个放心的地方把钱存在那里。当时戒备最森严的地方，当属英国国王的城堡了，不但有高墙大院，还有重兵守护，于是不少商人就买通关系，选择把财富存在国王的金库中。

把财富存在国王的金库里还有一个好处，就是更方便把黄金铸造成金币。在自由铸币制度下，国王最大的优势是可以掌控铸币厂，并将其冠以"皇家"的名号。当时铸币权并不由国王垄断，而是散装发行。不少大贵族、主教都有权利铸造和发行自己的金币，甚至大商人也能铸造金币，毕竟只要算好黄金的含量与成色，哪里来的金币都差不多。

英国的皇家铸币厂位于戒备森严的伦敦塔内。面对铸币厂金库里大量积攒的黄金，一贯缺钱的国王很难不动心。在当时发行的种类繁多的金币里，英国国王发行的金币由于成色好而享有不错的声誉，比如英国国王亨利二世发行的便士币[91]，在英国王室的严格管控下，在百余年间都不曾明显贬值。但到了亨利八世时[92]，国王为了满足私欲滥发含金量不足的金币，让国王金币的声誉一落千丈。

亨利八世只是在金币的成色上动了手脚，而比他晚70多年登上王位的查理一世[93]，则直接对铸币厂的黄金库存动手了。1639 年，英王查理一世企图将英格兰教会的仪式强加于苏格兰，引起苏格兰人反对，从而引发双方战争。打仗打的是后勤，为了给这场历史上有名的"主教战争"筹措军费，财政枯竭的查理一世强行占用了"伦敦塔"里人们存放的黄金。

查理一世在"主教战争"中吃了大亏，不但在战场上被苏格兰人击败，还被迫签署《里彭条约》，赔偿苏格兰人的损失；在后勤方面，黄金铸币厂的信誉也被消耗殆尽。虽然在民众激烈抗议下，国王最终归还了侵占的黄金，但在那之后人们不再信任由国王控制的皇家铸币厂，生怕类似的情况再次发生。

离开皇家铸币厂的黄金总要找地方安置，这时距离伦敦塔只有几百米距离的金融城里的金匠铺就成了现成的替代之选。金匠在打制金饰和其他黄金制品的过程中，为了交货快就必须有一定的黄金库存，因而店铺里配备着较好的保卫措施。这样金匠铺就替代了"伦敦塔"，成了商人们选择存放黄金的地方。

二、银行有个金店的根

现代装饰的富丽堂皇的金店，前身不少是金匠铺子。那些铺子在规模小的时候采用前店后厂的模式，当规模扩大后逐渐实现生产与销售分离。早期商人们会把黄金存入充斥着锻凿叮当噪声的铺子里，到后来只和干净整洁的铺面打交道，不用再见到那些满面尘灰烟火色的手艺人[94]。

当时人们把手中的金银币存放在金匠铺里，还会向存金者收取一定的保管费，并开具一张纸质的收据，储户拿着这张收据可以到金匠铺兑取金银币。这种收据实际上是储户和金匠铺主人之间的私人合同，没有法律效力，纯靠商人对金匠铺的信任。金匠会对收据做一个副本备份，这样能防止在兑取时发生纠纷。当收据的持有人来兑取金银币时，金匠翻开备份资料，找到收据持有人的线索，收回之前开出的凭证并交出黄金。

当金匠铺子里的黄金越积累越多后，守着金山的金匠们逐渐不再满足只赚一点保管费，开始想着怎么更好地利用手里的黄金来赚钱。他们自然不敢像英国国王那样不告而取，可利用时间差赚取一笔套利还是没问题的。金匠先是把库里保管的黄金用在自己的生产周转上，当接到订单后，不再先去买黄金原料再进行生产加工，而是直接使用仓库中的存货就好，等交货后有了收入，再去买金子来补回仓库中的亏空。这种操作意味着不会占用金匠的成本，有利于扩大生产。

在金匠铺那里存着黄金的商人们也发现，如果一张凭据对应的金匠铺声誉良好，那么这张凭据就更容易被交易伙伴接受，可以流转给其他人，这样他们在需要钱的时候就不需要去取出黄金，只需要把黄金凭证交给对方就行。同时一些信誉良好的金匠逐渐发现，他们金匠铺开立的凭证具有了一定的货币效力。

当金匠铺黄金凭据的流动能够在一些情况下取代金币时，意味着金匠每天需要交付的黄金数量，只是凭证总额的一部分就可以。金匠凭证发出的数量可以多于柜上的黄金，而且每天只需留出一部分黄金供日常支取，剩下的黄金能够以高利率贷款出去，形成放贷业务。由于放贷带来了丰厚的利润，金匠铺子想吸引更多的储户把黄金存进来，以进一步扩大贷款业务，于是就不再向商人们收取黄金的保管费，而且还会支付一定利息，从而形成了吸收存款业务。

当迈出这一步后，伦敦金匠铺逐渐发展成吸收存款、发放贷款、发行存款票据、开设支票账户的金融服务机构，摇身一变成为"金匠银行"，金匠铺主人也变成了"金匠银行家"——一个不再需要皮裙、熔炉、鼓风机和锤凿的金融人士。这些衣冠楚楚的前工匠掌握了"金融炼金术"，会想方设法让手里的黄金带来更多的财富。

在金匠由手工业者转变为负责存储贵重金属、提供贷款、交换货币以及处理财务事务的金融人士后，他们的金铺也成为了当地商业活动的中心。在一些情况下，金匠们甚至还在政府和国家机构间扮演更为重要的角色，向政府提供贷款和金融支持[95]。

三、当个金匠好不好

现在人们在做职业规划时，是选择当个手艺人，还是进银行谋份差事？这并不难选择。毕竟除了少数带有艺术浪漫主义气质的年轻人外，大部分人都会认为后者是个更体面的职业。毕竟，大多数人往往说不出任何一个工艺大师的名字，但银行家的故事却广为流传。

现在这个看似简单的选择，在300多年前却难住了一位为儿子前途操心的老父亲。

1676年，英国肯特郡一位富裕的乡绅乔治·奥克斯登爵士给他在伦敦的商人朋友写了一封信，他想让儿子到金匠铺当学徒，因此想听听大城市里的朋友对这个职业的意见。他的商人朋友约翰·波特曼尽心尽力，为了满足一位父亲的"审慎和慈爱"，用了整整8页信纸详细描述了他对金匠的观察以及这个行业的转变过程，对他的朋友有了交代[96]。

波特曼是位资历深厚的商人，他家邻居中就有金匠，算是对这个行业有一些了解。波特曼通过自己的亲身经历，观察到金匠行业发生了很大的变化——从手艺人向银行家转型。"在他年轻的时候，金匠全部工作就是制造和销售金器，购买进口的金银来重新熔炼。大约三十年后……一些商人开始将黄金交到金匠手中，认为这样更安全……他们也努力成为商人的黄金保管者。"

波特曼描述了金匠铺向黄金银行转变的过程。他观察到"金匠们发现了一种新的生意，将出于信任而存在他们手里的黄金借贷出去……一些时候，他们的利润会因汇率变化而变得更大……金匠们的这些行为所产生的利润，使他们贪婪地收揽所有能够得到的黄金。一些信用好的金匠，会承诺返还收取的黄金保管费，甚至还有金匠许诺付给利息。"

商人的敏锐性让波特曼发现了金匠们新的利润来源，其实这部分利润很快就超过了金匠们制造金器赚的钱。金匠们虽然通过新的业务日进斗金，但却不受尊重，因为"除了商人存在金匠铺子的黄金之外，他们还使用了其他一百种方法（获取黄金），并且为此不惜蔑视法律和正义……他们中的大多数人（至少）每年都会卷入一次诉讼，因欺诈、压迫、蔑视政府等罪行而受到法律的惩罚，因为他们每天都犯有这些罪行。"

在波特曼看来，当金匠是个能赚钱的职业，但这行的所作所为却有违公序良俗和法律。在信件的结尾，他以委婉但坚决的方式表明了自己的态度："请原谅我的平淡和乏味；然而，出于良心的考虑，我不得不多说一些。法律是为了国家的利益而制定的，但却有人在不断公开违反法律的情况下进行交易，就像所有金匠银行家所做的那样。"

从金匠到其进阶版的银行家，都游离于当时社会的主流价值判断之外。这在一定程度上是由于当时伦敦金融城的金匠，大部分是犹太移民。这些人的祖先大多居住在意大利北部伦巴第，后来为了躲避战乱，迁移到英伦三岛，以祖传的金匠手艺为业。最初这些人地位低下、收入不高，坐在一条长凳上招揽生意。久而久之，意大利语中的长凳

（Banca）成了代指银行的词汇并被固化下来。

17世纪金融城里的金匠铺子和21世纪的金店[97]，秉承着类似的发财逻辑，现在出现的金店跑路，当年类似的情况也时有发生。当金匠拿不出黄金来偿还时，愤怒的客户会砸断店里的长凳，于是长凳（Banca）加上断裂（Rupt），就形成了破产（Bankrupt）这个词。

黄金让人放心，但无论是金匠铺子还是银行，在经营中都存在风险。要让人们放心地将黄金交到他们手里，需要很高的信用成本。这些机构需要完善的合规与监管，否则在贪婪驱使下，"长凳断裂"就会成为常态。

就像莎士比亚在《威尼斯商人》中描绘的那样：商人对利益的追逐往往会高于本身的良心。因此金匠铺和银行除了行业自律外，还需要有来自外部的眼睛牢牢盯着他们的一举一动，让其无法不当得利。这双明察秋毫的眼睛就是监管。

为了守护信誉，让购买和存放黄金的人放心，早期的金匠铺子发展出一套完善可追溯的监管体系，一直沿用至今。对金匠铺来说，信誉是生命，直接关系到客户对存放的黄金是否放心。为了建立信誉，金匠铺子建立了一套产品回溯机制，即堂标体系。

堂标其实就是生产商的印记[98]。为了让金匠铺里的黄金能增加流通性，有效盘活货币体系，英国国王将能够作为货币的贵金属置于敕令或法规的管理之下。英国规定黄金制品要想交易，就必须先经过政府指定的鉴定所对其进行检验。黄金制品需符合规定的纯度标准，在被打上认证的标记后才允许进入市场或者交付。

经过几百年的发展，英国市面上流通的所有金器上面都印着至少四枚小小的方形纹章构成的堂标。四枚纹章分别标识着金器生产的日期、将金器送检的金匠身份、金器所含黄金的纯度，以及金器生产的城市。这组堂标组成了英国金器的认证系统，由于便于金器的检验和回溯，之后被欧洲大多数国家所接受，成为一套统一的黄金认证体系。

图 20　堂标范例（资料来源：伦敦金匠协会 [99]）

堂标算得上原始版的金器身份标识二维码，人们通过金器上的一组堂标，能读出其生产的时间、地点、人物和品质等关键要素。以生产地堂标为例，伦敦产的金器上会打上豹子头的标志，产地是伯明翰的金器是船锚标志，谢菲尔德生产的金器则有皇冠标志，爱丁堡的堂标是一座城堡。日期堂标采用的是 26 个英文字母中的单个字母，字母分大小写和不同字体印在盾形或椭圆形或长方形的框内，特定的字母形式与不同形式的走狮印以及君主印搭配组合以明确具体年份。纯度堂标使用检验机构认证的 K 金标识，金匠堂标则代表金器的制作者或出品工坊，类似今日的商标。

金匠通过堂标体系建立了让人放心的产品，而对银行的监管，要比监管金匠铺复杂得多。比如金匠为了应对顾客的支取，必须在铺子里留有一定比例的黄金，这就是银行准备金制度的前身。

准备金是商业银行库存的现金按比例存放在中央银行的存款。留存准备金的目的是确保商业银行在遇到储户大量提取银行存款时，能有相对充足的清偿能力。金融机构按照规定不能把吸收到的存款全部用作贷款发放出去，而是必须保留一定比例的资金作为存款准备金使用，以满足客户日常的提款需要。

准备金制度是区别金匠铺子和金匠银行的重要标志，前者边打造，边出售，不需要应对客户的集中支取，不需要准备金的存在，后者则边存入，边贷出，为了在杠杆下保障客户权益，必须用准备金来"镇店"。

在准备金背后，是金铺和银行的不同属性。金铺里打造出的黄金日常用品和黄金饰品，其性质更贴近于消费品，买家和卖家双方谈好条件，买定离手，在交易完成的同时实现了价值交换，因此通过堂标体系可以预先设定标准。银行里提供的则是金融产品，无论是客户存金还是买卖双方签订契约后，价值交换需要较长时间陆续完成，而这就对监管的持续性有更高的要求，穿透式监管要贯穿交易的全流程。

四、诺克斯堡的地下有什么

无论是把黄金放在国王那里、金匠那里，还是银行那里，其实都殊途同归，最后都放进了金库里——金库是黄金储藏的核心。

金库是存放实物黄金的地方。一吨黄金有多大？可能很多人没有概念。用 100 万克除以 19.32 的密度，得到金块的大小，即边长 37.26 厘米的正方体金块。更直观地说，一吨黄金大约是桌上激光打印机的大小。作为存放高密度价值金块的地方，金库的面积不一定要多大，但要戒备森严。

当前全球约 21 万吨的黄金中，以金条形式存在的黄金大多都存身于金库中。存放这些黄金的冰冷金库，被附加了混杂着富贵和神秘主义的色彩。比如深入地底的位置、沉重的金属门、敦实的水泥墙……这些要素本身就足以激起人们对金库窥探的欲望。

金库严格的保密措施，自然隔绝了人流和外界的目光。目前，金库大致可以分成两类：官方储备库和商业库，其中前者尤为神秘，甚至连政府的高官都难以进入。

长期以来，美国肯塔基州路易斯维尔西南的诺克斯堡是全球黄金最集中的地方之一。这个面积约441平方公里的美国陆军基地上分布着美国陆军装甲中心、美国陆军装甲学校、美国陆军征兵司令部、美国陆军预备军官训练团和乔治·巴顿将军纪念馆等机构，同时在强大武力的拱卫下，那里也是美国国库黄金的存放处。

在二战后的鼎盛时期，诺克斯堡据称存有将近两万吨黄金，这个数字约是全人类已开采黄金总量的十分之一，诺克斯堡也成为人类历史上最大的金库。

二十世纪五六十年代黄金不断从美国流出，到70年代尼克松总统"暂时"关闭"黄金窗口"时，诺克斯堡依然有超过8000吨黄金的储备。由于数据并不透明，这些数据均是建立在推测的基础上。黄金市场一直有传闻存在诺克斯堡金库里的黄金早就通过出售、租赁等方式流入了市场，诺克斯堡的地下根本就没多少黄金了。

自2013年开始，德国央行启动的将海外储备的黄金搬回本国的计划更是加大了这种传言的真实性。按照当时德国央行的计划，在2020年前将海外黄金储备总量的一半秘密搬回本国金库，其中很大一部分就是搬回存在美国的黄金。据称德国人认为与其将黄金放在诺克斯堡的"黑箱"里，远不如放在法兰克福手边的更让人放心。

或许是为了平息市场的担忧，2017年8月，时任美国财长的史蒂文·努钦造访了诺克斯堡，他成为了70年来第一位参观诺克斯堡的美国财长，也是1936年这一金库建成以来，第三位到此参观的美国财长。努钦在视察完金库后，旋即通过社交媒体向美国人民传话"黄金都很安全"。努钦对外宣称金库中储存着价值2000亿美元的黄金，并且认为黄金"阴谋论"不足为信，黄金早已不翼而飞的言论内容荒诞夸张，只适合被拍成电影[100]。

仅仅靠着财长的一次金库访问便想化解市场上的黄金"阴谋论"

还远远不够。诺克斯堡最大的问题是数据不透明，不但没有每年的数据披露，就连那些将自己的黄金存在诺克斯堡金库里的国家都无权探视名下的黄金。这种封闭的做法是阴谋流言产生的根源，在公开的资料中，能找到的关于诺克斯堡黄金库存的最近官方数据还是 1952 年。从那之后，金库里的黄金就再也没有正式的会计审核或者审计，到努钦访问时，已经过去了 70 多年。

诺克斯堡金库在这期间一直以安全为由拒绝进行任何检查和审核，无论是独立的还是由政府主导的检查都不允许。鉴于在这期间经历了布雷顿森林体系瓦解、石油危机、冷战结束、华尔街金融风暴等多次政治经济冲击，没人能肯定那些黄金都一直在原地摆放。

市场上黄金套息交易的传言更让人们怀疑诺克斯堡金库的充实程度。虽然中央银行在地下金库里存放着大量的金条储备，但这部分黄金是外汇储备的一部分，不会带来利息收入。为了让不生息的资产能带来收益，有的国家的中央银行选择将名下的黄金储备"出借"给大型商业银行，按照在基准利率基础上相应上浮的标准收取黄金拆出利率。大型商业银行在借到黄金后，使用黄金在期货市场套现，并使用这笔资金来购买更高利率的固定收益债券等金融产品，赚取投资收益与黄金拆借利息支出之间的差额。而在这场交易中，使用的很可能正是诺克斯堡金库中的黄金。美国财长虽然曾用一场访问为金库中的黄金背书，但这点支撑实在太过单薄，并不能让怀疑者放心。

和诺克斯堡黄金库存遮遮掩掩相比，伦敦的金库有更多光线洒入其中，让人们能见其一角。

五、金库比的是数据透明度

伦敦是物理意义上全球含金量最高的城市。伦敦金库是包括英格兰银行金库和 10 多家商业金库组成的庞大金库系统，截至 2024 年第一季度，这个系统中存有 8562 吨黄金。由于全球实物黄金市场交易很大一部分是通过伦敦黄金市场完成的，因此伦敦金库要比诺克斯堡那些存放央行储备的金库忙碌不少。

被当作诺克斯堡榜样的英格兰银行金库，是伦敦金库的核心。英格兰银行金库位于伦敦金融城的核心地带、英国央行英格兰银行所处的针线街下方，占地超过 3 万平方米。金库里存储的黄金包括英国财政部的官方储备，以及在伦敦黄金市场交易的绝大多数实体黄金，世界其他 30 个国家和大约 25 家银行的黄金储备也都存放在这个金库里。在那里金砖摆放在标有号码的蓝色架子上。每一块金砖的重量都很精确，均为 400 金衡盎司，以每盎司超过 2000 美元的金价计算，每块金砖的价值都在 80 万美元以上。

与新建金库中层出不穷的各种科技防盗措施不同的是，建于 20 世纪 30 年代的英格兰银行金库在防卫方面颇为传统，主要依靠的是厚到难以穿越的混凝土层和庞大的金属门。有安全专家认为，电子安全技术可能更容易遭到攻破，因此用金属来捍卫金属，成了最牢靠的选择。

人们经常说的一句话是信心比黄金更宝贵，而对黄金的信心则源于人们对这种金属的了解。鉴于历史上发生过国王金库监守自盗的事，现在美国金库里的黄金数据又隐藏在迷雾之中，因此就更凸显出黄金数据透明的重要性。

暗箱操作会让人们对这种金库敬而远之，大家都想清楚地知道，是谁动了库里的黄金。作为为黄金市场透明化努力的一部分，伦敦金库的库存数据从 2017 年开始按照月度公布。

目前伦敦的大多数黄金通过场外交易，或买卖双方直接进行交易，因此关于交易数量的数据并不多。伦敦金银市场协会估计每天约有价值 260 亿美元的黄金在金融城里交易，但没有官方数字对此进行支持。

为使交易规模更加透明，伦敦金银市场协会从库存入手，数据显示由包括英格兰银行、黄金清算行和安保公司在内各方持有的、存放在地下金库里的黄金数据。伦敦金银市场协会发布的库存数据涵盖伦敦所有的金库，因为除了英格兰银行的金库外，在大伦敦地区还有 7 个归属于摩根大通和汇丰银行等公司的小型金库，其中有 3 个位于希斯罗机场周围。

通过这些金库里库存数据的变化，可以让市场对于黄金的交易和流动有更系统的了解，提供了一个新的反应交易情况的窗口。从这个角度看，伦敦的金库已经比纽约的金库变得更加透明。

六、被盗的金库

2024 年多家金店跑路的消息传开后，不少媒体用"黄金劫案"做标题报道这个事件。实际上这类行为更贴近欺诈，真正的《黄金劫案》还要看英国广播公司（BBC）的迷你剧，在那里可以看到即使固若金汤的金库，也可能出现百密一疏的情况，而成为劫匪的猎物。

2023 年 BBC 把英国历史上最大抢劫案之一搬上了荧屏。名为《黄金劫案》的六集迷你剧一上映就引起了普遍关注，一是因为这场被标为"史上最大"的劫案发生在电视剧播出前 40 年，很多人仍留有残存记忆；二是被劫的黄金至今也没完全找到；三是人们还能在黄金市场上，在伦敦新金融城里、在反洗钱规则中感受到当年案件的痕迹。更重要的是，在这场劫案中，不但有劫匪出场，也有金匠和金库出场，还有涉及银行领域的洗钱与反洗钱的金融斗争。

"不满的冬天"是莎士比亚的名句，黄金劫案就发生在这样的季节。

1983 年 11 月 26 日发生的劫案，有着颇为荒诞的开局：六名带有武器的劫匪在天蒙蒙亮时，潜入伦敦希思罗机场附近的布林克马特保险库。之前犯罪分子已经买通了内部保安，保险库里的 11 道锁和 5 个警报装置形同虚设。他们原本盯着的是保险库中存放的英镑现金，但阴差阳错地发现了存在保险库里的 6800 根金条，这些黄金总重量高达 3 吨，被分装在 76 个箱子里，是著名的贵金属交易商庄信万丰在那里临时存放的，等待运输到亚洲。劫匪们找到宝贝后，使用仓库叉车将这笔当时价值 2600 万英镑的黄金抬入货车里，在早上 8 点 15 分左右扬长而去。

原本计划抢劫现金的劫匪们明白，"黄金 = 硬通货"。或许出身底层的劫匪对英镑的汇率没有完整的认识，但在生活中遇到的物价飞涨，却让他们直观地感觉到拿走黄金是明智之举。毕竟从 1981 年开始，英镑兑美元的汇率就一直在以两位数的幅度不断贬值，在抢劫案发生的 1983 年，英镑兑美元走低了 10.5%，接下来的一年更是便宜了 20%。当时劫匪选择搬走黄金而不是计划中的现金，无疑给他们带来了更多的财富。

对劫匪来说，抢到黄金并藏好只是第一步，后面只有将这批黄金"洗干净"，才能换成其他财产以供挥霍。因此，劫匪销赃和警方侦破的斗智斗勇，就成了一场洗钱与反洗钱的对决。

劫匪洗钱遇到的第一个问题是，抢来的每块金条上都刻有出厂编号，这是黄金的"身份证"。对劫匪来说，这个问题容易解决。只要有个熔炉，能加温到 1064.4℃以上，就足以将金条重新熔炼，从而抹去上面的编号。为了解决这个问题，劫匪头子米基·迈卡威找到了金匠约翰·帕尔默。

帕尔默出生在伯明翰的贫民窟里，从小没怎么读过书。帕尔默有个外号叫"金手指"，按照他自己的说法是这辈子最大的特长就是摆弄黄金。帕尔默在伯明翰市中心开了一家珠宝店，搬到布里斯托尔后也开了一家类似的店，这个店私下里一直在收售赃物。帕尔默接到迈卡威的金条后，将其运到位于巴斯附近乡村的家里，他在院子里搭建了个简陋的冶炼棚屋，将一些金条回炉再炼。

劫匪洗钱遇到的第二个问题是黄金的纯度太高，容易引起怀疑。庄信万丰的金条都符合伦敦黄金市场的合格交付商标准，即金条的含金量不低于99.99%。这样标准化的金条对交易来说可以降低成本，但在日常生活中却不大用上。因为和中国人喜欢纯金首饰不同，欧美人日常更偏爱佩戴低纯度的K金饰品。《黄金劫案》中有个有趣的细节是：帕尔默被抓后，摘下手指上的结婚戒指想行贿警察，但那个戒指是镀金而非纯金的。警察对此的反应也很淡然："有点金总比没金强"。

提升黄金纯度比较困难，需要专业的精炼厂和设备，但降低纯度相对简单许多。帕尔默将收来的一些低纯度项链手镯等和金条一起熔炼，得到了低纯度的新金条。犯罪团伙为掩人耳目，雇人开了家首饰回收公司，在市场上使用现金高价从居民手中回收金饰。为了扩大影响，他们还在电视上大打广告以让更多人知道。劫匪在收购的黄金中夹杂金条熔炼，这样能把一部分金条洗白，让其成为合法正规的商品，并在谢菲尔德的金银市场出售。帕尔默在这个过程中可以赚取25%的提成。

让金条改头换面靠金匠，而模糊来路让其再次进入市场则要靠销赃掮客。将3吨黄金和一条条项链重熔效率有限，犯罪分子们还在寻找新的渠道多管齐下。他们在非洲国家津巴布韦找到一处金矿，通过伪造进口证明来为手中的金条安排合理的来源。调查人员前往津巴布韦实地调查发现，那处所谓的金矿其实并不出产黄金，只是象征性地雇用了几个当地人摆摆样子，而伪装成津巴布韦产黄金的，正是帕尔默工棚里的产品，那些金条被跨境卡车司机的午餐盒、私人飞机以及走私船从英国偷运出去，接着再用使它们看起来合法的文件将黄金重新进口到英国。从"空壳金矿"中"进口"的黄金手续完备，能够堂而皇之地转手卖给英国的精炼商和贸易商，从而实现现金回流。

洗钱和反洗钱的斗争是耐心的较量，有时也会付出生命的代价。劫匪中负责洗钱的肯尼斯·诺伊，不断地把一批又一批黄金送去重铸，他的操作一直很隐蔽，警方很长一段时间都没查到黄金的踪迹。不过诺伊还是觉得这么做来钱太慢，他把部分重铸后的金条存在一家银行的保险库里，然后又用这 11 张存放金条的收据拿去做抵押，想贷 10 万英镑的现金出来。银行的工作人员从未做过数额这么大的黄金抵押贷款业务，也怀疑这笔黄金来源不明，于是在稳住诺伊之后，偷偷报了警。警方派人盯梢诺伊，却没想到被诺伊发现了行踪，一天夜里，诺伊在西金斯顿的家里主动出击，连刺数刀将盯梢的警探杀死，最后还以正当防卫为名脱罪。这些金条虽没成为诺伊犯罪的直接证据，但也揭开了来路不明金条的冰山一角。

怎么处理大量的现金收入，让其合法化则是抢劫布林克马特保险库的劫匪们需要处理的下一个问题，这时提供专业金融服务的人士出场了。在律师史密斯·埃德温的设计下，大量出售金条得到的现金被分多笔存入对客户信息严格保密的瑞士银行，然后再转入金融监管宽松的列支敦士登的银行等。经过重重"跳板"后，账户里的钱再被分批取出来，投入到伦敦的码头、法国的房地产等领域里。

控方律师迈克尔·奥斯汀—史密斯表示，"在抢劫案发生后的几个月内，大量现金开始涌入，变成了洪流"。他说该案件的重点是通过各种离岸银行账户、财产和公司转移资金，以"清除与布林克马特黄金的任何关联"。

对于资金的乾坤大挪移,英国警方当时只看到了一些蛛丝马迹,并没有追踪到整个洗钱链条。直到布林克马特抢劫案发生30多年后,才有一些商业文件透露出更多当时资金流动的信息。例如其中一名嫌疑人布莱恩·帕里,利用一家名为范博伦的巴拿马离岸公司来隐藏资产,这家离岸公司由臭名昭著的莫萨克—丰塞卡律师事务所建立,并成为全球多个犯罪嫌疑人的洗钱屏障。后来,莫萨克—丰塞卡律师事务所进入了反洗钱和反金融犯罪组织的"黑名单"。

该律师事务所的传真记录、备忘录和其他公司文件显示,在20世纪80年代后期,事务所联合创始人之一的尤尔根·莫萨克在提供洗钱咨询方面发挥了重要作用。在布林克马特抢劫案发生一年后,有一家英国泽西岛的离岸专业服务公司向该律师事务所咨询业务,并委托注册了名为范博伦的公司。

早在1986年,莫萨克担任了范博伦公司的董事,该公司可能被那些为参与抢劫的犯罪分子转移资金的人拥有。在一份内部备忘录中,莫萨克提到,一位善意的线人如何打电话建议他立即从黑帮秘密控制的幌子公司辞职。莫萨克认为,范博伦公司本身并没有非法行为,并将备忘录抄给他的合伙人拉蒙·丰塞卡,但也指出该公司可能通过来源非法的银行账户和财产投资,因为有数百万英镑在范博伦公司和其他空壳公司设在瑞士、列支敦士登、泽西岛和马恩岛的银行账户间转移,这些地区以其保密的司法管辖区而闻名。

帕里是洗钱行动的关键人物,他表面上在伦敦东部经营一家小型出租车公司,事实上和犯罪团伙联系紧密。抢劫布林克马特保险库得来的财产中有至少760万英镑经过他手,通过位于伦敦南部克罗伊登的爱尔兰银行里的账户,被转移到离岸账户中。其中,在马恩岛至少有 170 个账户是为分散这些现金而开设的。随着资金通过离岸公司多次转移，帕里从布林克马特抢劫案中获得的黑钱已经被洗干净。这些钱可以通过正规渠道回到英国，用于合法的财产交易。

布林克马特抢劫案影响深远，有对该案跟踪的研究者评价："就其大胆、冷血、残暴和周密的计划而言，这是无与伦比的。"但英国警方在案发后几个小时就发现了线索，找到了劫匪们的内应：布林克马特保险库的保安队员安东尼·布莱克。并根据他的供词顺藤摸瓜，抓住了两名劫匪。

对于这样一个重大案件来说，抓人只是一方面，更重要的是追回赃款，而这就困难得多。经过十多年的搜索调查，只收回了大约被劫一半的金额，其余部分都已经化整为零，改头换面流入了合法渠道。

亡羊补牢，犹时未晚。各方能做的是进一步扎紧反洗钱的围墙，加强对"黑钱"的限制，当再发生类似案件时，追踪更容易。布林克马特抢劫案对反洗钱工作产生了很大影响，因为它暴露了当时相关法律法规的漏洞和薄弱环节。

伦敦大都会警察局副助理局长约翰史密斯后来说，布林克马特抢劫案犯罪团队使用的洗钱技术"表明职业罪犯变得多么聪明"。不过警方没有放弃，侦探们走遍世界，破获了他们所见过的最复杂的洗钱活动。他们在马恩岛、海峡群岛、英属维尔京群岛、巴哈马群岛、西班牙和美国佛罗里达州发现了蛛丝马迹，还注意到了英国、意大利、法国、西班牙和美国的犯罪分子之间的密切经济联系。

经过多年逃亡，给布林克马特抢劫案犯罪团队洗钱的帕里在西班牙的福恩吉罗拉郊外被捕并被带回英国。他在希思罗机场下飞机时被正式逮捕，离当年的抢劫现场不远。在对他的审判过程中，陪审团被告知帕里使黄金似乎"消失在稀薄的空气中"。法官判处帕里10年监禁。

这一判决推动了英国议员们对洗钱行为的新的刑事法律条款。布林克马特抢劫案还促使英国政府出台了一系列新的相关立法，例如1988年的刑事司法和2002年的犯罪所得法，旨在打击洗钱和没收犯罪资产。

垂直的黄金市场在不同环节有众多的参与者，复杂的分工也给洗钱者提供了天然的隐匿条件，好在反洗钱的规则越来越细，也在进行国际规则制定。国际反洗钱金融行动特别工作组（FATF）2012年制定的《打击洗钱、恐怖融资、扩散融资国际标准建议书》中针对"非金融商业和职业设定"中，涵盖了对贵金属交易商的监管，重点关注于对交易进行识别和确认，其流程涉及法律、金融、商业的诸多环节。

布林克马特抢劫案中的黄金，有相当部分被转手卖给了贵金属经销商。现在的反洗钱法规，对贵金属销售渠道的合规提出了更高的要求，并将其当作反洗钱和反恐怖融资的第一道闸门。按照法律法规、规章、规范性文件和行业规则，卖方有义务收集必备要素信息，利用从可靠途径、以可靠方式获取的信息或数据，采取合理措施识别、核验客户真实身份，以确定并适时调整客户风险等级。在贵金属交易中，对于先前获得的客户身份资料存疑的，卖方应当重新识别客户身份，此外还要妥善保存开展反洗钱和反恐怖融资工作所产生的信息、数据和资料，确保能够完整重现每笔交易，确保相关工作可追溯[101]。

尽管现在黄金反洗钱的规则看上去比40年前完善不少，但仍不足以阻挡住黑钱的流动。2023年初，瑞士独立研究机构巴塞尔治理研究所发布了新一期的"巴塞尔反洗钱指数"[102]。该研究报告表示，虽然当前各国有更多工具可用于侦查犯罪资金，但由于各种工具之间配合不足、政治意愿薄弱，导致无法将行动有效转化为实际进展。由于在不少洗钱犯罪活动中都有黄金的身影，在构建负责任黄金市场的过程中，加强反洗钱的相关制度建设仍然是一项重要工作。

在打击黑钱方面，大多数国家都是前进一步、后退四步——往往比试图洗钱的犯罪分子落后很多步。解决金融系统中的短板问题理应"早就开始"。

第六章

回收金:
绿色希望遭遇失望

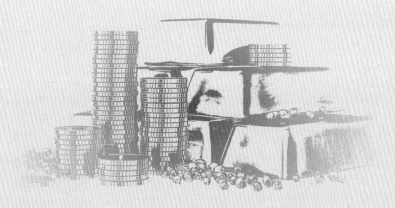

这就是黄金
一本关于黄金的
简明百科全书

2015 年，世界黄金协会和波士顿咨询曾联合发布了一份名为《回收金的涨跌：了解市场驱动因素和行业挑战》（The Ups and Downs of Gold Recycling）的报告[103]。

报告开宗明义："未来几年，黄金回收行业将发生重大变化。"

当时报告发布方乐观地认为，从长远来看黄金回收量会增加，而在短期内回收量会对金价变化和经济冲击做出迅速反应。但事实上该报告发布后很多年，黄金回收行业的重大变化迟迟没有到来，回收量持续处于低位，再没回到 2010 年前后的"盛世"。金价在短期内的高低波动，都没有明显刺激到回收市场。

对于分析报告的作者来说，错误的预测只是他们众多"看走眼"实例中的一个。但对于从业者来说，投资压错方向的代价可要高得多。对黄金回收行业来说，2010 年之后的十年，可以被称为"失去的十年"。2009 年全球回收金创下了 1728 吨的纪录，这相当于当时世界市场总供应量的 42%。随后回收金在黄金供应中的年度占比，从 2010 年的37.8% 下降到 2023 年的 25.3%，降幅超过 12 个百分点。

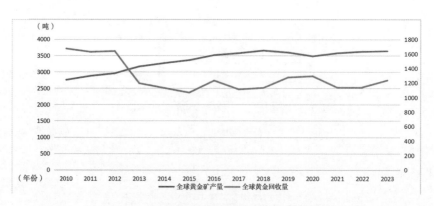

图 21　2010 年以来全球矿产金与回收金产量走势（数据来源：WGC）

回收金占比被压缩一方面是由于矿山金产量不断上升，在这期间黄金产量增加了 800 多吨，让回收金的市场占有份额相对下降；另一方面则是回收金绝对数量下降。虽然 2023 年的 1237 吨的黄金回收量已经是三年来的高点，但和 2010 年的 1671 吨相比，降幅仍超过四分之一。

被寄托了绿色希望的回收金，有点失落。

一、掉皮的金牌让回收金很尴尬

2021 年的东京奥运会让国际奥委会很不满意，本该按期举行的赛事在延期了一年后才拉开帷幕。

东京奥运会让凭借多年努力，登上奥运最高领奖台的冠军们很不满意，因为虽然他们拿出的运动成绩很过硬，但用汗水换来的金牌却出现了质量问题。

东京奥运会让人们对回收金也不满意，本该是回收金在奥林匹克赛场上大放光芒的高光时刻，却变成了大型打脸现场。

翁巴达那吉是泰国的国宝级运动员，她在女子跆拳道 49 公斤级的比赛上，为泰国夺得了东京奥运会上一枚宝贵的金牌。然而就是这枚金牌，在挂到翁巴达那吉脖子上两个多月后，就出现了掉皮掉色的现象[104]。

尽管每一枚奥运金牌的含金量也就是 6 克多，主要集中在金牌表面，它的内核中大部分由白银构成[105]，但表面的金层也应足够抗磨损，更何况东京奥运的金牌因标榜绿色特质，高调宣称百分百使用回收金制造而出尽风头。

制成金牌的黄金是有记忆的，这些记忆不仅源自金属本身，也与它们的碳足迹和来源息息相关。

首先每一枚金牌都是对拼搏和奋斗的铭记。领奖台上的成功不仅承载了训练的艰辛，还有国家的期盼和奥运精神的凝聚。比如奥运会史上获得金牌最多的运动员是澳大利亚游泳选手迈克尔·菲尔普斯，他那23块金牌成为几代人记忆中很难被逾越的丰碑。金牌凝聚着大众的记忆，是奥林匹克运动的魅力所在。东京奥运会的金牌还有一个特别之处在于，挂在冠军脖子上的金牌还蕴含了几百万日本人使用过的手机的记忆。

之所以会有这样的记忆，是因为其制作的原材料来自从手机中回收的黄金。东京奥运会的东道国在此届奥运会中最大程度地使用循环再利用材料，以减少碳排放，利用废弃手机铸造奖牌是该计划的一部分。东京奥组委的目标是用从电子垃圾中回收的黄金、银和铜来制造5000枚奖牌。在电子废弃物中占据主要物理重量的是塑料和钢铁，占据价值分量的则是黄金和其他贵金属。从废旧的手机、电路板、笔记本电脑等电子设备中提取的黄金数量正在不断增加。研究表明，每部手机或智能手机的含金量在35毫克左右，回收30部废旧手机炼出1克黄金一度成为黄金回收行业新的增长密码。

黄金矿业公司的项目开发并不容易，往往处理一吨矿石后能得到一两克黄金就算具有开采价值的项目，相比之下，处理一吨拿掉电池后的旧手机，从中能回收高达300克的黄金。电子设备更新速度快，不少人用上了新手机之后，旧的在束之高阁一段时间后，最终会被当成电子垃圾处理掉。事实上，那些被淘汰的手机和电脑等设备，内部包含不会随着技术换代改变的"土豪金"。掌握了这个"土豪金"密码的东京奥组委在奥运申办成功后就呼吁市民捐赠手机和其他电子设备。这样一来能达到双赢的绿色效果：家家户户可以安全处理废弃的或被遗忘的电子设备，奖牌制造商则可以获得稳定供应的贵金属资源。

当然，由于国际奥委会近年来一直倡导绿色奥运的理念，东京奥运的金牌并非首次采用回收材料制造的奖牌。2016年里约奥运会银牌将近 30% 的银来自废弃的镜子、焊料和 X 光片，制造铜牌的 40% 的铜来自铸币厂的废料。2010 年温哥华冬季奥运会象征性地使用了大约 1.5% 的回收再利用的金属。但和前几届奥运会比起来，东京奥运会在奖牌金属材料的回收利用程度上是最高的，铸造奖牌的所有金属都是回收再利用的。

制作一届奥运会所需的奖牌，粗略计算至少需要 10 千克黄金、1230 千克白银和 736 千克铜，合计需要 2 吨的金属。加上在生产过程中可能出现一定程度的材料损耗和浪费，因此实际需要的金属可能要达到 4 到 6 吨。

日本电子通信事业者协会估计，3 万部手机可以回收 1 千克黄金，因此凑齐铸造奥运会金牌所需的黄金需要 30 多万部旧手机。为达到这个目标，东京奥运会的废旧电子产品回收项目从 2017 年 4 月开始启动，花了两年时间凑齐了制造奖牌所需的电子废品。

奖牌项目里负责黄金提炼的是日本田中贵金属工业公司。该公司称从废旧电子产品中回收是不耗费能源的效率很高的提取方式。提炼出的回收金交给日本铸币局，铸币局约有 20 人负责奖牌制造工作，4 人一组每天工作 8 小时完成 15 至 20 枚奖牌制造。除了制造奖牌的金属模具之外，还要将东京奥组委提供的金属材料制成圆形，用机器同时印制正反两面，经过加工、着色、处理阴影等工序之后才能完工——在被爆出质量问题前，这一制造流程被当作是日本"工匠精神"的公关典范。

从废旧电子产品里提炼出贵金属，成为日本普通民众参与奥运的一个有效方式。按照东京奥运会发言人高谷正哲的说法，回收行动标志着来自日本各地的人们都有机会参与东京奥运会。当人们看到领奖台上的冠军时，会想到他脖子上的金牌中有自己使用过的手机成分。

捐出废旧电子产品的日本民众，肯定没想过以一种违背"匠人精神"的方式参与到奖牌项目中来。除了泰国的翁巴达那吉外，先后有多名冠军发现自己的金牌出现了质量问题。奖牌掉色的原因据猜测可能和制作原料是来自废旧电子设备再提炼金属有关，也可能是由于天气炎热或经常与皮肤摩擦。有些批次的金牌在制作工艺上可能存在缺陷，但这类事件频发，会让回收金遭受质疑。

本来带有记忆的金属能铸造成最棒的奥运奖牌和最美的体育主题饰品。但如果这种记忆并非携带着"更高、更快、更强"的奥运精神，而是质量并不可靠的产品，那么对好不容易夺金的运动员，以及对回收金来说，都并非愉快的回忆。

东京吃瘪，巴黎涨智。在紧接着的 2024 年奥运会上，奖牌中使用了埃菲尔铁塔上的回收钢铁，回收金却没有再露面。

二、黄金回收公司的希望被现实扑灭

曾对黄金回收市场过分乐观的不仅是波士顿咨询的分析师，对回收金现状感到失望的也不仅是奥运冠军，回收金的从业人员先后经历了这两种情绪。

挪威卡·拉斯姆森集团主席哈拉德·斯文德瑞普算是黄金回收行业的老兵，他经历过回收金十多年前意气风发的时代，也经历了之后漫长的下行时期。作为北欧人，他或许比别人更懂得如何熬过一个行业的寒冬。

斯文德瑞普是家族生意的第五代继承人。早在 1872 年，他的祖上就在奥斯陆开办了一家规模不大的金匠铺子。经过一个半世纪多的发展，卡·拉斯姆森集团如今已发展成为拥有跨国生意的大型工业贵金属供应商，也是欧洲主要的黄金回收企业之一。从加工到铸造再到回收，斯文德瑞普家族企业在黄金领域不断调整经营重点，才得以成为百年老店并保持活力。卡·拉斯姆森集团 2010 年以后将业务重心逐渐向工业制造转移，但也没有放弃祖传的金匠业务，通过推出一些受到市场欢迎的新产品，扭转了之前贵金属加工业务下滑的趋势。也正因为之前出色的回收金业绩，斯文德瑞普被全球四大会计师事务所之一的安永选为挪威 2013 年度企业家。

就像当时火热的回收金业务一样，斯文德瑞普一度对黄金回收领域的转型津津乐道，他认为古老的家族企业需要不断转型，才能适应变化的宏观环境。他的公司最初从一家规模不大的金店发展成现在的规模，涉及黄金产业上下游多个环节，其成功的原因就在于不断引进新技术，适应新市场，推出新产品。

在多次探索后，黄金回收业务一度成为公司新的盈利点。斯文德瑞普在 2007 年接手掌舵家族企业时，经营情况不容乐观，经过两三年大刀阔斧的改变才逐步稳住局面。在斯文德瑞普看来，贵金属的回收利用是一个利润丰厚的市场。通过不断地拓展，卡·拉斯姆森已成为整个北欧的贵金属回收中心，其商业模式注重于循环利用黄金，回收一些旧的贵金属原材料，从中分离出黄金进行二次销售。

卡·拉斯姆森经营着北欧地区最大的垂直一体化贵金属精炼和制造工厂，有大量的贵金属回收业务。斯文德瑞普坚信黄金循环利用大有可为，他曾乐观地估计黄金回收循环利用公司将超越矿产商纽蒙顿或巴里克，成为最大的黄金生产商。他在 2013 年曾颇为自信地预测："这种变化可能在未来的 10 年中逐渐发生。最大的金矿并不在深山中，而是在人们使用过的那些旧手机里。或者说，城市中就有我们自己的金矿。"

事实证明，在他说出这番话 10 年后，卡·拉斯姆森集团的黄金产量，仍远远比不上顶级矿产商。

"随着开采资源变得越来越稀缺和昂贵，贵金属回收作为满足市场需求的一种手段变得越来越重要。贵金属价格多年来一直在上涨，对于那些拥有适当专业知识和现代化精炼厂的公司来说，回收是获益颇丰的。"卡·拉斯姆森集团的表态看起来仍像 2013 年那样对黄金回收充满乐观，但这种表态在一定程度上是说给市场听的。在卡·拉斯姆森集团制定的 2023 年到 2028 年战略计划中，确定的主要优先事项是公司工业、珠宝、回收和投资等核心领域的进一步发展和增长。这其中回收的排位并不靠前。

在 2022 年的公司年报里，斯文德瑞普只是告诉投资者，该公司包括金条和金币在内的所有黄金产品百分百来自回收金，却并没有就回收金的产量给出一个具体的数值。但可以肯定的是，北欧五国的回收金加起来的数量，都不及纽蒙顿或巴里克的黄金产量。

善于转型的斯文德瑞普可能又不得不在琢磨新的出路，但让回收商超过矿产商的宏伟目标渐行渐远的，或许是因为矿产商也在尝试从回收领域分一杯羹。有"大宗商品界的高盛"之称的嘉能可就计划试水回收金领域。矿商和贸易商嘉能可计划在英国建立一个电子产品回收设施。英国工厂的目标是回收英国和欧洲大陆报废的电子产品，从中回收有用的金属。嘉能可并非金属回收领域的新丁，该公司已经从包括电子废料在内的可回收原料中回收了约 13.2 万盎司黄金、130 万盎司白银、1.6 万盎司钯和 5000 盎司铂。如果英国新的工厂投入使用，回收量有望进一步大幅提高。

或许和斯文德瑞普当年预测的相反，最大的回收金生产商可能是黄金矿产商。

不过从另一角度看，卡·拉斯姆森集团可能不是黄金矿产商的对手，但至少比一些曾被看作是"行业明星"的黄金回收公司要更加坚韧和顽强。虽然都说城市矿山绿色高效，但倒在这条赛道上的公司比比皆是：

备受瞩目的美式橄榄球"超级碗"比赛号称"美国春晚"，其场间广告也是美国最贵的广告时段。在 2009 年的"超级碗"比赛期间，从事回收贵金属业务的 Cash4Gold.com 斥巨资投放了 30 秒的广告，成为网红级的公司。然而仅在三年后，这家公司就因为业务萎缩申请破产。

在大西洋的另一端，TerraNova 于 2006 年在法国成立，旨在借助回收工业废料的新法规而进入贵金属回收市场。该公司预定年产能目标约为处理 3 万吨的废料，但贵金属价格下跌迫使 TerraNova 于2013 年申请破产。

在同行衬托下，百年老店卡·拉斯姆森集团的实力有目共睹。

三、下水道和尾矿库，都可以是富矿

对整个黄金行业来说，好消息是黄金回收这个隐形的金矿产量虽然会暂时下降，但却不会消失，能在需要的时候再次爆发。

黄金回收产业包括两个截然不同的细分市场。金饰约占回收金供应总量的90%，工业黄金回收则贡献了剩余部分。工业黄金回收和金饰回收的价值链不相同。工业黄金回收的价值链更长，包含更多市场参与者，比金饰黄金回收更复杂。相比古老的金匠铺子就能从事金饰回收业务，工业回收则需要更多的步骤以及更复杂的技术，进而也成为回收金业务中新增长点。

工业黄金回收是一个相较于传统黄金回收规模小得多、也更年轻

的行业，主要由环境立法推动。这个行业细分起源于日本2001年实施的《家用电器回收法》和欧洲2003年实施的《废弃电子电气设备指令》。虽然工业黄金回收在20世纪就已出现，但法律框架通过规定回收率对黄金回收提出专业化要求，也使得该行业对原料供给的预测更加可靠。

根据联合国发布的《全球电子可持续发展倡议》（GeGI）[106]，电脑、手机和其他电子产品每年使用约300吨黄金和超过7500吨白银。回收这些贵金属的城市采矿业有广阔的商业前景，也为循环经济如何取代线性经济提供了范例。近年来，越来越多的电子垃圾成为黄金循环利用行业眼中的巨大商机，电子线路板中含有黄金，一吨除去电池的手机的黄金含量超过绝大多数高品质矿石。当然，随着越来越多的回收机构进入电子垃圾领域，电子废品来源竞争越来越激烈，而且日益趋严的环评标准也对这一领域加以限制。鉴于此，有些黄金循环利用机构又盯上了新的绿色矿脉：城市下水道。

城市下水道里并不仅仅藏有忍者神龟这样的超级英雄，还有贵金属宝藏。瑞士是全球黄金精炼的中心，其四大精炼厂中三家位于靠近意大利的提契诺州。虽然大量进口的黄金在被精炼后又被运往了世界各地，但其实也有一些被作为工业废品留到了当地。

瑞士联邦水生科技研究所表示，在瑞士的污水处理厂，每年都有价值300万瑞士法郎的黄金和白银随着废水及污泥一起流到了下水道里。按照联邦科学报告的说法，提契诺州一些地方的下水道里黄金聚集，其浓度之高"具有回收的潜在价值"。

据估算，瑞士的下水道中每年会被排放进43公斤黄金、3000公斤白银、1070公斤稀土金属钆、1500公斤钕和150公斤镱。有趣的是，分析瑞士下水道里各种金属的含量，足以描画出一张瑞士产业分布图。在黄金精炼产业发达的瑞士提契诺州，下水道里黄金白银的含量较高，而在钟表业发达的汝拉州，那里污水处理厂中用作造影剂和发光涂料的钌、铂族金属铑和黄金的浓度较高。

在绝大多数情况下，下水道中金属的浓度并无生态毒理学风险，也低于规定的排放限量。以传统矿业勘探的角度来衡量，在某些特定区域的下水道污泥里，金、银、铂等贵金属的含量已达到矿床开发的基准线。这类达到商业开发标准的下水道不只出现在瑞士，在全球另一些地区也有分布。美国亚利桑那州立大学的一项研究估算，在一座100万人口的城市中，每年会有价值高达1300万美元的贵重金属由于各种原因被冲进下水道。东京的一个污水处理机构已经开始从污物中提取黄金，据称产量已经和一些小型金矿相当。

为了分析从污物中提炼贵金属的可行性，美国亚利桑那州立大学研究团队收集了来自落基山小镇、农村以及大城市的样本，利用扫描电子显微镜来观察微量的金、银和铂。在一项历时8年的研究中，研究人员每个月都会检测不同地方的污物样本，发现1公斤重的污物中平均含有约0.4毫克金、28毫克银、638毫克铜和49毫克钒。将这一含量放大到庞大的排污量中，就会发现下水道和污水处理厂中隐藏着宝藏。

当然，从臭烘烘的下水道污泥中筛出极微小的黄金可能没法像传统的矿石粉碎提炼那样看上去场面宏大，但与传统的金矿开采相比，这种方法对环境更加友好。工业提炼金属时所用的化学渗滤液具有争议，因为这些化学物质进入自然环境后对生态系统危害很大。如果从下水道的淤泥里来提取金，就不必担心有化学物质会带来生态危害。

当然，从目前看，"下水道矿区"的开发价值和成熟度还不如电子垃圾回收，而俄罗斯人另辟蹊径，盯上了另一片堪称蓝海的工业回收金领域。

俄罗斯的回收金生产商看好的是废弃矿山。和大多数国家主要从黄金饰品中回收黄金不同，俄罗斯瞄准规模庞大的尾矿库[107]，对其进行工业回收，以求达到经济上和生态上的双重效果。

重工业是俄罗斯的立国之本，在粗放式发展模式下，多年来该国工业选矿过程中产生的尾矿规模庞大，有些甚至可以追溯到1928年开始的苏联第一个五年计划期间。受到当时的发展思路和技术水平的限制，那些陈年的尾矿按照目前的标准看，仍有不小的商业开发价值，从这些废料中可以提取大量包括黄金在内的有价值的金属。单单从克麦罗沃州一家废弃锌矿厂的废料中，每年就能提取上千吨的铜和锌等基本金属，使用无试剂浸出技术还能回收数百公斤黄金。此外，尾矿中含有的重金属和有毒物质往往会对环境造成负面影响，甚至会侵害附近居民的健康。经过回收再处理后，废料会变成无害的矿渣砂，可用于道路铺设等，有利于环境保护。

俄罗斯已经在着手对乌拉尔和西伯利亚地区最危险的大型尾矿库进行普查，进而清理这些具有直接商业价值的尾矿库。通过有组织的回收工作，这些尾矿库里含有的废弃黄金，将有机会再次回到市场上。如果能有效回收尾矿库，无疑将进一步夯实俄罗斯全球第三大黄金生产国的地位。

四、阿博布罗西镇的生存悲歌

在回收金上贴着一系列充满溢美之词的标签：绿色、清洁、高效能、低排放……但加纳阿博布罗西镇（Agbogbloshie）的居民却不会这么认为。

虽然前面提到过的卡·拉斯姆森集团、嘉能可等欧美大公司设想在贵金属回收领域大显身手，都看好电子垃圾回收前景。可事实上，全球电子垃圾的产生和回收整体上仍处于割裂中。

欧美国家是电子产品消费大国，购买力强劲，抛弃的电子垃圾也多。这些富裕的国家对于环保问题重视程度高，有着严格的环境保护规则，对电子垃圾不能随意处理。由于电子垃圾中往往含有铅、汞、镉等有害重金属，回收成本高，燃烧会严重污染大气环境，填埋又容易污染土壤和地下水，于是这些国家选择将电子垃圾运往海外，以贸易或捐赠等名义将电子垃圾运往愿意牺牲长期利益、靠进口"洋垃圾"赚钱的南方国家。对于接受电子垃圾的国家来说，相较于让人民吃饱饭，长期的环境影响不算严重问题。这些牺牲长远发展的国家也就此成为黄金回收链条上的重要一环。

加纳是个黄金遍地的国家，2023年将南非、马里等一众老牌黄金产地甩在身后，成为非洲最大的黄金生产国。位于该国首都阿克拉市郊的阿博布罗西镇的数千居民每天都要和黄金打交道，不过他们着手的并非从矿山里开采出的黄金矿石，而是电子垃圾山里淘捡出来的回收金。

加纳每年都会从欧美发达国家接收近20万吨的电子垃圾，其中绝大部分在临近海港的阿博布罗西镇处理，那里也被称为西方"电子废物填埋场"。废旧电子设备里含有黄金元器件，这些黄金中有一部分就是从加纳的矿山中开采出来的，被运出国经过精炼、加工、制造等一系列工序，变成消费品环游世界，最终在被淘汰后，以电子垃圾的形式"落叶归根"回到了故园。

阿博布罗西镇就是"黄金回乡"的第一站。这个小镇被本地人称为"所多玛与蛾摩拉"，意思是《圣经》中提到过的罪恶之城。镇上4万多居民中大多数是近些年陆续从该国北部穷困地区迁徙而来，住在典型的贫民窟里，杂乱的窝棚由冰箱门、大型电子设备外壳、废旧轮胎等搭建而成。

这些"建材"取材于阿博布罗西镇随处可见的电子垃圾。镇上一边是堆积高耸的破旧电子垃圾山，一边是十多岁的孩子像愚公一样忙碌"搬山"。在镇上，以捡垃圾为生的人每天都会将含有贵金属的器件从破烂的电子设备中分拣出来，以换取每天大约1美元的微薄收入。这里的垃圾产业还逐渐出现了分工，有人暴力拆解电子产品，有人负责拼装出能用的设备，有人负责焚烧，妇女和儿童负责分离主板中微量的黄金，甚至还出现了维持秩序、分配焚烧场地的黑帮。

这仅够糊口的收入，却需拾荒者付出健康的代价，还需当地付出被污染的代价。焚烧是垃圾回收处理的第一步，阿博布罗西镇的河滩上整日弥散着浓烟，散发出刺鼻的气味。年轻的拾荒者聚集在一起，没有任何劳保用品，他们盯着焚烧的火堆，等待烈焰烧掉电子垃圾的塑料及塑胶外壳。然后在那些还有余温的灰烬堆里反复翻捡，寻找值钱的金属。不少拾荒者对于恶劣的劳动环境已经麻木，只考虑能否填饱肚子，顾不上顾忌烟尘的毒性。

阿博布罗西镇上的水、空气和土壤中，重金属严重超标。由于长期生活在这样的环境中，受到焚烧电子产品产生的多氯联苯、二噁英等有毒物质影响，阿博布罗西镇居民健康情况堪忧。很多当地人患有神经系统和生殖系统疾病，年仅20多岁就死于癌症。

意识到居民健康和环境问题的加纳政府，也尝试过对阿博布罗西镇进行治理，迁走居民恢复生态。但由于并不能给当地人提供替代就业岗位和补偿，因此屡遭抗议，进程缓慢。之后政府强拆居民区的行为曾引发警方与居民的大规模冲突，随后整治行动搁浅。阿格博罗什镇至今依旧浓烟滚滚，每年吞噬20万吨电子垃圾——虽然名义上1992年的巴塞尔公约就规定了禁止各发达国家向欠发达的国家运送有害废弃垃圾[108]，但无良的贸易商将电子垃圾标记为二手电子产品规避禁令，使得这些有害废弃电子垃圾在越境后被非法倾倒，于是有害的废弃电子垃圾依旧源源不断地送入阿博布罗西镇。

阿博布罗西镇的黄金回收其实是发展中国家的一曲悲歌。电子废物回收的产业规划、地方可持续发展的长远蓝图，都是对政府行政能力的考验。中国也曾经有和阿博布罗西镇类似的地方，但幸运的是那里的黄金回收已经摆脱了污染环境和影响健康的困境，走上绿色可持续发展的道路。

地处广东汕头的贵屿镇也有过"电子垃圾之都"这个称号。贵屿镇河流交错，地势低洼，旱涝灾害频繁。当地人为生计所迫，很早就开始通过收购废品，然后再转卖赚取薄利。

改革开放后，一批小规模的作坊出现在贵屿镇，大多从事电子废物的拆解业务，从收来的废品里提炼出贵金属再卖出去。当地很快形成回收、拆解、加工和销售的完整产业链，成为全国起步较早、规模较大的废旧电子电器拆解基地。贵屿镇的作坊通常将塑胶外壳切成颗粒，加工成再生料；把旧元器件经筛选和交易，运往深圳华强北电子市场；最重要的工序是掏空旧电路板，送入高炉提取黄金、白银、铜等金属。一套流程走完，高峰期贵屿镇每年从废旧电子垃圾中提炼的黄金多达15吨。

根据中国生态环境部所引数据，2012年贵屿镇有电子废物拆解经营单位共5169家，行业从业人员17282人，年均处理量达107.8万吨左右[109]。拆解电子垃圾成为贵屿镇的支柱产业，也是当地居民最主要的收入来源。但无论是用火"烧板"，即拆解电器后，堆起电路板烧掉，高温提取上面的铜；还是用水"酸洗"，用王水将电路板上的金、银等贵重金属洗出来，都会影响居民健康和生态环境。汕头大学医学院曾研究贵屿儿童的血铅状况，发现 81.8% 的贵屿儿童血铅超标。

贵屿镇用了 10 多年甩掉"电子垃圾之都"的帽子。随着污染治理和绿色发展的理念深入人心，贵屿镇严管废品源头，严厉打击非法酸洗、焚烧等拆解行为，取缔不达标的电子拆解户，拆除了大量排气烟囱和集气罩。到 2015 年底，贵屿镇由 1243 户电子拆解户组成的 29 家公司全部搬迁进产业园。园区内的拆解户接受统一监管，而园区外则杜绝这一产业。园区里流通的一张张物流单标明了电子废弃物的来源、名称、重量及转移流向，凭证也是废弃电子产品在产业园自由流通的"门票"。来自国内不少地区的废弃电子产品都会被运往产业园，不同元件的行情价格也在电子交易市场透明公开。

国家政策也堵住了外国废弃电子产品流入贵屿镇的道路。2020 年，生态环境部、商务部、国家发展和改革委员会和海关总署联合发布了《关于全面禁止进口固体废物有关事项的公告》[110]，规定中国从 2021 年 1 月 1 日起全面禁止以任何方式进口固体废物。

通过疏堵结合，综合治理，2018 年，贵屿镇空气中铅和铜浓度较 2012 年分别下降 70.07% 和 75.75%[109]。贵屿循环经济产业园 2022 年废弃电子电器成交量达到 14.5 万吨，园区税收、产值呈现逐年上升趋势，2022 年上缴税收 1.18 亿元，实现工业产值 17.8 亿元。

阿博布罗西镇与贵屿镇，两个相隔万里的镇子都在回收电子废弃物中的黄金，但却逐渐走到了两条不同的发展道路上。

五、回收金遭遇阻碍

无论回收金市场整体规模膨胀还是缩水，金饰始终牢牢占据回收金中大部分的份额。那么，是什么决定了人们是卖出手中的金饰，还是让其继续留在珠宝盒里呢？

有些人和他们手中的黄金制品之间不仅存在经济联系，更有着复杂的宗教和文化联系。比如印度教寺庙中存放着历代信徒们供奉的黄金制品，据估计，印度教寺庙中拥有的黄金近万吨，但这些黄金制品都被视为神圣之物，因此很难进入回收领域。之前印度黄金货币化改革推行进度缓慢，很重要的一部分原因就是寺庙并不配合。

个人持有的黄金也有类似难以流动的原因。对于不少家庭来说，黄金珠宝具有情感价值并能唤起宝贵的记忆，使他们轻易不愿放弃这些珠宝。还有许多投资者将手中的黄金制品视为一种代际资产，认为应该在家庭中一代代传承下去而不能轻易出售。

不过黄金终究是一种资产。虽然有宗教、文化、家庭等多重羁绊，但在必要时仍会被从箱底拿出来进行交易。

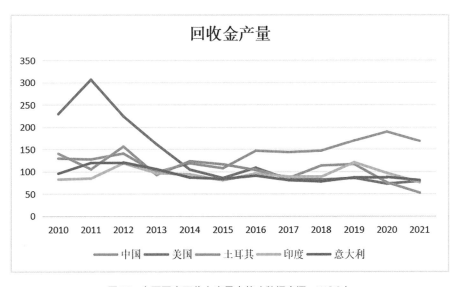

图 22　主要国家回收金产量走势（数据来源：WGC）

影响黄金回流到市场中的首要因素是金价。世界黄金协会的计量经济学分析发现，从短期来看，金价每上涨 1%，会推动黄金回收量增加 0.6%；金价下跌 1%，会导致回收量下降 0.1%。在金价走低的时候，黄金所有者卖出他们的宝贝也换不来多少钱。相反，高金价会催生更强的销售动机。

价格不只影响黄金持有者的出售选择，也同样影响回收商的判断。黄金回收业相对于矿业的生产成本弹性小，应对金价波动的能力有限。回收业在金价高涨时利润会升高，但在金价下行时并没有相应减少开支的空间。

除了高价诱惑外，避险这一被动属性被触及，也是人们不得不卖出黄金的重要原因。个人在紧急情况下会不得已出售珠宝、金币或金条，以获得应急的现金。经济上的困境，尤其是失业率会直接影响黄金回收行业，比如在印度，失业率每上升 1%，回收金数量就会增加 1.3%。金属聚焦（Metals Focus）的研究发现，当经济压力增大时，比如在疫情期间，黄金持有者出售黄金的比例会增加，换取现金以满足日常需求。人们或将黄金出售，或将黄金质押给银行和非银行金融公司。20 世纪90 年代末的亚洲金融危机使东亚和东南亚国家的黄金回收量提高了近20%，2008 到 2009 年的金融危机影响更大，使得全球黄金回收量增加了 25%。

当金价高涨和避险需求增大这两种情况同时发生，就会出现导致回收金增加的"完美风暴"，比如在 2009 年就发生了这种情况。前一年爆发华尔街金融风暴后，经济衰退使大部分人的经济状况恶化，与此同时黄金价格也创下 1972.35 美元的历史高位，就在那一年，回收金创下了 1728 吨的历史最高纪录。北美和欧洲是那轮金融风暴的重灾区，受其影响，欧美在全球回收金中所占的比例从 2004 年的 27% 增加到2011 年的 43%。尤其是美国，2011 年就回收了超过 300 吨黄金。据美国地质调查局（USGS）的数据，2022 年美国只回收了约 90 吨黄金，数量不足 10 多年前的三分之一。

类似的一幕在 2020 年再次出现。突如其来的新冠疫情席卷全球，打破了正常的经济秩序和社会秩序。一方面，全球不少人的工作和收入都受到封锁和隔离的影响。另一方面，由于黄金供应链中断，金价也一度突破每盎司 2000 美元，刷新历史高点。在双重作用下，2020 年的黄金回收量成为 2013 年到 2023 年间最高的一年。

黄金一直标榜是最后的支付手段，并拥有高流动性，但有不少购入金条的人在 2024 年春天想趁着金价高涨时锁定获利，却遭遇到了现实中的回收难。

在中国，持有实物黄金的个人想卖出手里的存货，可以选择的渠道有银行、珠宝商和典当行这几处。通过这些渠道出售的黄金最终会被送到上海黄金交易所批准的精炼厂进行重新熔炼后再次回到市场中。

每种黄金回收渠道对黄金有不同的要求，比如银行只接受黄金投资品，而不回收金饰。由于银行的黄金回收业务受到严格的监管，因此要求黄金投资产品必须符合一定的条件和标准才能回收，比如对黄金的品牌、规格、成色、证书、包装等有严格要求。很多情况下不是银行自己发行或代销的黄金产品，或者产品有损坏或变形，银行会拒绝回购。

珠宝商一般只回收自己的产品，在大多数情况下，更鼓励持金者以旧换新而不是卖出。并不是所有银行和珠宝商都提供黄金回购服务，相比之下典当行会接受各种类型的黄金产品。

渠道选择的不同也意味着回收成本的不同。每种回收渠道的黄金回购价格都低于市场价格，因为渠道会考虑自身的成本和风险，以及黄金的流动性和库存问题。回收的黄金需要经过检验、熔炼、再加工等环节才能重新销售，这些都会增加支出。而且回收的黄金，如果不能及时卖出，就会占用资金和空间，影响运营效率并承担市场波动风险。银行在回收金条时通常收取产品价值的 4% 左右作为手续费，而典当行至少收取 10%。

金店黄金回收的折扣更大，价格一般是按照黄金的实际重量和纯度来计算的，而不是按照黄金标注的重量和成色来计算。当购买的黄金中含有一定比例的合金时——这在金饰中普遍存在，会让黄金的实际重量和纯度低于标注，影响黄金的回收价格。而且在买入金饰的价格中往往包含工费，这是经过加工或设计的溢价，但在金饰回收时加工或设计的成本是不计算在内的，金店的黄金回收价格一般是按照当日的黄金原料价格来执行。

黄金回收中的各种限制，意味着这些渠道更注重销售而不是回收。比如某银行规定仅支持回购本行出售的品牌金条，且实物金回购要求塑封包装完好，塑封已拆的实物黄金无法回收。在购买凭证、证书齐全的情况下，每克黄金扣除 4 元手续费；购买凭证、证书不全的话，每克扣 7 元手续费，该手续费包含了检测费用。

高额的手续费削弱了黄金的投资价值，并阻碍了回收。但从收购方的角度看，检测成本和精炼成本又必须包含其中。检测环节是必不可少的，因为这关系到黄金真假，但重新精炼对一些投资类金条就有些多余了，因为理论上，市面上流通的金条都应该是符合上海金交所的标准。各家机构间彼此不回购黄金产品，这不仅是在市场上各自圈地外，实际上也让统一的上海金标准形同虚设，使得黄金回购市场成为一个缺乏统一标准、各类分散的市场。

上海金标准的推行，本意是提高黄金流通的便捷度和实用性，同时降低成本。但当前上海金标准仅在黄金产品初次销售时发挥作用，影响力并没有辐射到黄金回收市场中。尽管金条还是那些金条，包装和证书都齐全，但一旦完成首次销售离柜后，上海金标准似乎就变成了一次性，原本的标准金条在回收市场上就被视为了非标准金条。

好买好卖才能形成完整的市场闭环，但目前黄金市场更像是好买难卖的单行线。当标准不起作用，当交易成本上升，且回收金市场梗阻难以解决，长远来看，黄金的货币价值和投资价值必将受损。缺乏活跃的黄金回收环节，将伤及整个黄金市场。

第七章

超出想象的
黄金应用场景

黄金距离人们的生活很近，有时又会让人感觉很远。因为有人会觉得如果不买首饰，不投资金条的话，或许一辈子都不会和黄金有什么交集，其实不然。现代人的生活离不开铁、铜、铝、锌这些黑色金属和有色金属，也同样绕不开黄金这种贵金属。毕竟除了穿戴和投资外，黄金还有一个隐藏属性：重要的工业原材料。

每天拿起手机，打开电脑，这些电子设备里都有黄金原材料在发挥作用；从头顶带来信息的卫星到嘴里帮助咀嚼的假牙，也都有黄金的存在。从金粉到金线再到金箔，这些黄金原材料在我们生活中发挥着重要作用。

在工业领域，黄金褪去了奢侈品和投资品的艳丽外衣，露出大巧若拙实用的一面。

一、"工业维生素"：电子科技中大显身手

2021 年圣诞节当天，詹姆斯·韦布太空望远镜[111]被发射升空。

这台有史以来最大、最灵敏的太空望远镜组展开后的镜面大小相当于一个网球场，在距离地球约 150 万公里的观测站轨道上让目光穿越时间与空间，观察并寻找最早、最遥远的恒星和星系。韦布望远镜的观察对象出现在大约 137 亿年前宇宙大爆炸的尘埃诞生时，它要观察和探索宇宙的印记。同时，这个望远镜本身也会在人类探索太空、征服星辰大海的进程中留下鲜明的印记，一如它的"前辈"哈勃望远镜那样。

韦布太空望远镜标记着人类对星空无止境的好奇心和探索中不竭的勇气。这个望远镜上也有明显的黄金印记：望远镜的主聚光镜约 6.5 米宽，其 18 个六角形镜面金光灿灿。没错，韦布望远镜上使用了大量镀金元器件。主镜的镜材用铍制造，并镀上 48.25 克黄金。

在韦布太空望远镜的镜面上进行 120 纳米厚的黄金涂层处理过程中，科学家先要将黄金涂料加热到 1371 摄氏度[112]，这样就能使涂料物质由固态变成液态，以方便使用。韦布太空望远镜能够收集宇宙中微弱的红外波段光线，使用黄金作为表面涂层，能有效提高对宇宙空间中最遥远红外光线的收集反射能力。

除了用在太空望远镜上，黄金还在宇航工业中有更广泛的应用范围。从航天器、运载工具的制造到宇航的系统控制等，仪表、元件、线路、防护膜等各种精密零件都离不开黄金。很多贵重的太空仪器设备之所以使用黄金，是因为黄金的化学性质稳定，几乎不会被氧化，而且黄金的导电率比铜高很多，是很好的导线材料，可以降低设备错误率并延长使用寿命。

航天器和卫星也经常使用黄金作为其表面的保护涂层。薄薄的金层可以保护这些空间飞行器免受极端温度、辐射和微流星体的影响。黄金的反射特性有助于维持飞船内部稳定的温度，防止设备过热或冻结。如果没有黄金的保护特性加持，太空探索和通信将更具挑战性且成本更高。

在太空中执行任务的"神舟"系列飞船乘组的"感觉良好"也离不开来自黄金的贡献。事实上自从 20 世纪 60 年代初人类步入空间探索时代以来，在宇航服、卫星、火箭和月球漫游车中都有黄金的存在，黄金为踏入太空的每一步都提供了动力。中国的航天事业最早使用黄金是在"东方红一号"人造地球卫星上，在设计之初，考虑到太空昼夜温差大的实际情况，"东方红一号"的表面部分区域使用了镀金涂层，用以保障卫星正常工作。

现在航天员在出舱执行太空行走任务时所穿的宇航服中也使用了黄金材料。航天服头部有四层面罩，最外面的黄金色面罩用于滤光，半透明的镀金面罩可以保护航天员在太空活动中减少紫外线和红外线的伤害，航天员可以根据自己是否处于光照区来决定开关该面罩。

黄金在航空航天领域发挥如此大的作用，彰显了其在佩戴和投资之外的硬核功能。当前全球每生产出的12克黄金中，就有一克被用在工业或者医用领域。要是缺少这种金属，电子产品的主板会罢工，因此黄金也赢得了"工业维生素"的美誉。

在工业领域驱动黄金需求的因素是电子行业，该行业在黄金的工业使用量中约占80%。黄金是一种极好的电导体，适用于强调可靠性和稳定性的电气组件。黄金的高导电性可确保信号和数据的有效传输，这是影响各种电子设备功能的关键因素[113]。

黄金普遍应用于大多数消费电子产品和汽车中，黄金的化学和物理特性相结合，使其在许多高端设备中不可被替代。电气化的趋势为电子行业的黄金需求提供了支撑，从智能手机到笔记本电脑，甚至为互联网提供动力的服务器，微芯片、印刷电路板和连接器中都含有黄金。大多数类型的半导体芯片都使用黄金作为涂层，或用于纤细的键合线。即使在充满挑战的条件下，黄金的使用也能确保设备可靠、准确地运行。

随着物联网的兴起，日常物品都连接到互联网以进行数据交流，黄金在信息传输技术中的重要性愈发凸显。从智能恒温器到可穿戴健身追踪器等物联网设备都依靠镀金元器件来确保高效的数据传输和性能的一致性。在这些设备可能暴露于自然环境或恶劣环境的户外时，黄金的耐腐蚀性就显得尤其重要。

除了航天与电子产业外，黄金还在绿色能源领域发挥作用。黄金是制造太阳能电池板所用光伏电池的关键成分。高导电性和耐腐蚀性使其成为生产高效且持久的太阳能电池板的关键原材料。在太阳能电池板中，虽然白银传统上是太阳能电池的首选金属[114]，但黄金越来越多地被视为补充材料，特别是在对寿命和可靠性要求更高的高端、专业电池应用中。黄金的抗氧化能力和保持长时间优异导电性的能力使其非常适合应用在太阳能电池板上，在可能存在腐蚀问题的恶劣环境中尤为如此。黄金还被用于一些太阳能电池的薄膜中，这些薄膜是放置在基板上的光伏材料层，薄膜中的黄金可以增强太阳光的吸收和太阳能电池的效率。

黄金的特性有助于降低世界对化石燃料的依赖并减少碳足迹。目前科研人员正在探索在可再生能源领域以更具创新性的方式使用黄金。其中一个领域是"等离子体太阳能电池"的开发。在这类电池中，金纳米颗粒用于提高太阳能电池板捕获光线的能力，从而提高其能量转换效率，并提高太阳能电池的性能。

二、黄金是毒药还是良药

无论航天、电子还是新能源，黄金都在人们看不见摸不着的地方发挥其影响力。相比之下黄金在医药方面的应用，则要直观得多。

贵金属在大多数情况下都是矿业或者金融话题，偶尔还有工程师参与，而当医生也进入讨论范围时，让贵金属除了财富和工业的气息外，多了一重治病救人的神圣光环。

可黄金在健康领域也并不总以积极的角色出现，在看古代小说时，时常会发现一种有颇高财富门槛的死法：吞金而亡。

比如《红楼梦》第69回是《弄小巧用借剑杀人 觉大限吞生金自逝》，讲的是金陵十二钗副册之一的尤二姐自寻短见的场景：

"这里尤二姐心下自思：常听见人说，生金子可以坠死，岂不比上吊自刎又干净？找出一块生金，也不知多重，恨命含泪便吞入口中，几次狠命直脖，方咽了下去。"

荣宁二府的贵人们的死法也透着一股贵气，至于平民百姓，吞金实在死不起，往往只能活着了。唐代医书《本草拾遗》中记载着："诸金有毒，生金有大毒，药人至死。"可有趣的是，同样在古代医书里，致命的吞金也会变成治病的良药。

唐代中晚期的医生李珣编著了一本《海药本草》[115]，记述海外传来一些药物的形态、真伪优劣、性味主治、附方服法、制药方法、禁忌畏恶等。虽然这本书现在已经失传，但明代的李时珍很重视这本书中的资料，有大量征引。李珣有波斯血统，家族经营香料生意，熟悉从印度到波斯的情况，在他收集的外来药物中就记载了金粉。

当时黄金在阿拉伯世界的药物中被广泛使用。中亚的医学家伊本·西那[116]在著名的《医典》里记载："用金制器械烧灼用于伤口止血，恢复得更快更好。金粉含在口中，可以祛除邪味，还可以加入生发和治疗金钱癣的药剂中。""如果把金子放在酒中浸泡，可以用于缓解眼部不适。把金子放到胸口，还可以治疗心痛、心颤、灵魂受创或自言自语。"

随着东西方文化的交流，医药大家李时珍也认为黄金可以入药，并提出通过视觉判断和声音评估来确定黄金的真伪，真金可以治病，《本草纲目》提到金可"镇精神、坚骨髓、通利五脏邪气"，并收载了金、金屑和金浆三味药。

从伊本·西那到李时珍，他们基于经验的药方，逐渐得到了科学的解释——尽管这一过程中仍充满了偶然与似是而非。微生物学奠基人、德国生物学家罗伯特·科赫[117]在1890年发现，金的氰化物可以在培养基中抑制结核杆菌的生长。早期研究者曾认为风湿性关节病是由肺结核引起的，而根据这一并不正确的认识，风湿病医生从20世纪20年代起开始给病人使用金盐，却意外取得良好的效果。但后来的研究发现风湿病与肺结核无关，使用金盐治疗实际起到的作用是延缓了疾病的进展和减轻了对关节的损害，但黄金如何能起到这种作用至今仍不明晰。

除了入药外，黄金因其生物相容性和耐灭菌能力而被用于医疗设备中。不但起搏器和其他植入式设备都有黄金器件，因为黄金的非反应性质也使其成为诊断设备和生命支持设备的理想选择，一些精细手术中专门的器械也含有黄金。

作为原材料的金纳米粒子也越来越多地用于诊断测试和治疗。这些微小颗粒通常只有几纳米，可以设计成与特定的生物分子相互作用，这使得它们在疾病检测和药物输送系统中具有极高的价值。这种金纳米颗粒可用于各种医疗应用，包括癌症治疗、药物输送以及妊娠测试和血糖监测设备等诊断测试。金纳米瞄准靶向特定细胞或分子，并将药物直接运送到疾病部位的能力正在改变医疗和诊断的格局。

贵金属治病救人有疗效，但必须明确的是，黄金发挥效果的是微观层面，绝不能直接服用这种金属。谨遵医嘱很重要。

三、大金牙，不见了

牙科本是医药卫生中的一个细分领域，但由于黄金在这个领域中扮演过太过特殊的角色，因此值得专门介绍。

网络社区上有个热门问题："有什么以前经常见到，而现在已基本销声匿迹的东西？"热门答案之一是"大金牙"。现在社会人的黄金流行标志是"大金链子小金表"，放在 100 年前则是"张嘴一口大金牙"。

牙齿是人体骨骼中最坚硬的部分，同时也是最易受损的器官[118]，于是先人们一直在探索如何修补牙齿，黄金这种可塑性和延展性强、不会生锈，且无毒不会引起感染的金属很早就被选中。金牙的历史可以追溯到 4000 年前的东南亚，考古学家还发现了早在公元前 630 年意大利伊特鲁里亚人的黄金牙科用具，这被看作是早期的假牙。玛雅人也会用黄金和绿松石等高硬度材料镶补牙齿，并同样发展成一种审美风尚，他们甚至会在健康牙齿上钻洞，再敲入精心雕琢的珠宝，以此彰显贵族身份。

经过长期的发展，金牙以其优异的特性征服了牙医和患者。在医学手册上罗列的金牙的优点包括：密封良好，可防止泄漏和反复蛀牙；强度高，具有很强的耐腐蚀、断裂和抗磨损能力；同时对邻牙温和；与牙龈组织具有较高的相容性……

"金牙"最初都是十足真金，在没有取模铸造技术的时候，牙医将薄金片包在牙齿上，然后用工具夹制包裹而成。这样做虽说方便快捷，但是贴合度并不高。后来随着牙科工艺进步，金牙的铸造打磨抛光也日渐成熟。更精密的铸造牙冠解决了很多牙科的问题，黄金牙冠成为了很多人的首选。

作为有效的医疗手段，金牙对很多受到齿科疾病困扰的人来说是刚性需求。即使有些国家在特殊的历史条件下出台政策不允许个人持有实物黄金，在严格的控制下也往往会对牙医网开一面，允许牙医持有每年使用几公斤黄金的配额[119]。因为牙医的工具箱里装着的是很多人对正常进食、正常生活的期望。

就在距今不远的 20 世纪中期，金牙还一度风行。人们将其看作是一种医疗方式，也是美化手段，同时还是一种身份的体现和财富的象征。当时人们在嘴里镶金牙，类似于在耳朵上佩戴金耳环，既能追求美观，又算有贴身的财物。

有时这些被贴身保存的财富也会被掠夺。比如，二战时期在德国的集中营里就发现了大量被屠杀的犹太人留下的金牙。当然也有人用金牙表达感激，一位犹太人用自己保存下的一颗金牙为救助者辛德勒铸了一枚戒指，内侧刻有犹太法典上的经文："Whoever saves one life, saves the world entire."（"救人一命，如救苍生"）。

其实到现在，安装金牙的习惯依旧盛行于部分中亚地区，那里有在重要日期和活动中赠送金牙的传统。人们通常在青少年时期就在健康的牙齿上安装黄金牙冠，有些地方的父母会送给大学毕业的子女一辆汽车或一块昂贵的手表，而在高加索和中亚，父母可能送给孩子一口金牙。

中亚的另一个习俗是在女孩结婚前赠送金牙。类似新娘家人准备的"嫁妆"。金牙是女人婚后的生活保障，保证即使她被丈夫赶出家门，也不会立即陷入贫穷。黄金牙冠可以出售，甚至可以继承，长辈的金牙会被回炉熔化再次匹配制作成新的金牙。

当然，金牙也并不总是与成人礼和婚嫁这类美好的时光联系在一起。有的犯罪分子会通过金牙来"洗白"他们的非法收入。在他们东窗事发被关进监狱后，这些人还能指望靠金牙获得更好的拘留条件，或者贿赂施虐者以求放过

在现代医学中，黄金具有高生物相容性和最小的组织反应优势，合金制成的植入体被用于牙科诊疗过程。近年来随着牙科复合材料的兴起，金牙已经逐渐变少。现在的牙科患者更喜爱陶瓷材料，因为其外观与真牙齿更相近。在牙科广泛引入激光和漂白工艺后，人们对洁白牙齿的热情越来越高。

就像时尚圈经常刮起复古风一样，已经被看作的是俗套的金牙，2020 年前后意外被当作是一种时尚而卷土重来。金牙因美国说唱歌手

的示范效应而再度流行起来，已成为时尚界公认的一部分。和之前金牙是替换整个原装牙齿不同，当下时尚的金牙是可以安装在原始牙齿上的黄金套箍或者贴片，可以更换不同的造型，而且往往是由设计师出品。

金牙的主导权已经部分从牙医转移到了设计师手上，客户群体也从患者变成了潮人。黄金亘古不变，但流行风潮变化飞快。

四、持续下降的工业用金与中国制造坐标

抗腐蚀、耐磨损、不易氧化、导电性好……从物理属性看黄金是极佳的工业原材料。说起缺点，最明显的就是贵，而且不断上涨的金价还在持续放大这一缺陷。

工业中使用黄金都是在制造耐用品方面，其成本具有较大刚性，一方面不会像金币金饰那样随行就市，通过每日的浮动价格将金价上涨带来的成本加到消费者身上；另一方面行业中对黄金原材料的使用数量和涉及金额，比起铜和铝等金属又小得多，厂商往往不会通过远期合约锁定价格。因此，当金价高涨时，涉及使用这方面物料的生产商，不得不抗下成本，削薄利润。

当金价居高不下时，工业生产厂商对黄金只能"用不起，换得起"。再加上新材料的不断涌现，黄金在某些性能上的"平替合金"也越来越划算，这让工业生产商有了转化新工艺的动力。

这种转化的步伐是缓慢的，但同时又是坚定的。从2010年到2023年的14年里，黄金的工业需求下滑了将近三分之一，从460多吨一路减少到不足300吨。同期全球黄金需求总量稳中有升，这意味着黄金的工业需求在总需求中所占的份额一路下降，从2010年的11%降至2023年的6.7%。

图 23　2010 年到 2023 年全球黄金工业需求变化（数据来源：WGC）

在工业的各个领域，对黄金的使用都在减少，最明显的是牙科中的黄金使用量出现断崖式下滑。包括黄金烤瓷在内的金牙逐渐被新材料替代，2010 年全球牙医们使用了 45.6 吨黄金，到了 2023 年已经降至 9.5 吨，降幅接近 8 成，黄金在这个细分市场的使用已近夕阳。

牙医行业使用黄金下降的比例最大，而电子制造业用金减少的绝对量更多。2010 年电子行业使用了 326.7 吨黄金，2023 年减少到 241.3 吨，用量下降超过 80 吨。这侧面反映出全球电子消费品的饱和式竞争，比如 2010 年全球手机和个人电脑出货量是 16 亿部和 3.46 亿台，2023 年这组数字分别降至 11.5 亿部和 2.47 亿台。当电子产品的产销减少时，对使用黄金的电路板需求自然下滑，更何况随着工艺进步，单台电脑和手机中的"含金量"也比十多年前要低一截。

好在技术进步不只是单纯削弱黄金在工业中的存在感，也在开拓一些新的应用场景。这个新的增长点可能同样来自电子产品领域，只不过不是直接针对个人用户的手机和电脑，而是面向商业应用的人工智能芯片。随着 2022 年 ChatGPT 的推出，生成式人工智能已发生爆炸式增长，国内人工智能"百团大战"让人眼花缭乱，这战况背后都是海量的资源投入。为人工智能设备提供算力的 GPU 等关键零部件中都缺少不了黄金的身影，除了先进半导体芯片外，高带宽内存、具有高电容和耐高温性的高端多层陶瓷电容器等关键部件也同样离不开黄金。由于设备功能不断增强,其复杂性也在迅速提高。人工智能服务器所需的印制电路板(PCB)数量约为普通服务器的 6 倍以上,这将带来黄金相关需求的增加。这也意味着即使人工智能的发展难以扭转工业用金减少的势头,但至少在相关领域对黄金的需求仍是旺盛的,且有增加的空间。

在讨论工业用金时,不能忽视"中国因素"。中国是全球排名第一的制造业大国,在铁矿石等黑色金属和铜等有色金属的使用上占据了全球用量的半壁江山。在黄金工业使用方面,中国需求虽然不及纯粹工业金属,但同样位居全球第一,2023 年,中国在工业应用方面消耗了 84 吨黄金,占全球总量的将近 30%。

由于黄金原材料被广泛应用于高技术制造领域,因此可以把工业中黄金的使用量,看作是中国制造业高质量发展的一个指标。对黄金工业使用进行横向和纵向两方面比较,我们能更清晰地判断黄金在产业升级中扮演的角色。

横向比较是将中国的黄金工业使用数据与全球数据进行对比。

在 2011 年到 2023 年的十多年里,全球工业用金需求是下降的,而中国则在上涨。和 2011 年相比,2023 年全球黄金工业需求从 429.1 吨减少到 297.8 吨,下降了 30.5%。同期中国黄金工业需求则从 56 吨上涨到 84 吨,增加了 50%。

中国的黄金工业需求占全球的比重由 2011 年的 13.0% 增加了一倍有余至 28.2%。这意味着中国制造在产业链价值链上不断攀升。当前中国的制造业增加值占全球比重约 30%,中国工业用金占全球用金比重也将近 30%,二者几乎一致。值得一提的是,在 2018 年和 2019 年两年中,中国工业用金在全球工业用金中的比例已经超过 30%,但之后由于受到全球供应链阻塞的影响，占比轻微下降，而在新冠疫情后占比又开始回升。

中国长期保持全球最大的黄金消费国的头衔，在工业用金这个细分领域，中国在全球的占比要比黄金总需求的全球占比更高。2016年，中国黄金需求在全球需求中占比为 22.4%，黄金的工业需求占全球需求的 23.3%，到 2023 年则分别提升至 24.5% 和 28.2%，中国黄金工业需求占比与黄金总需求占比间的差距在拉大。

当前全球工业用金在总需求中的占比不足 7%，中国工业用金的比例则要超过全球水平。事实上从 2016 年后，中国的黄金工业使用率就一直高于工业用金在全球的占比。特别是 2018 年到 2023 年的 6 年间，中国的工业用金比例比全球水平要高出一到两个百分点——这从另一个方面体现了中国制造业产业结构。

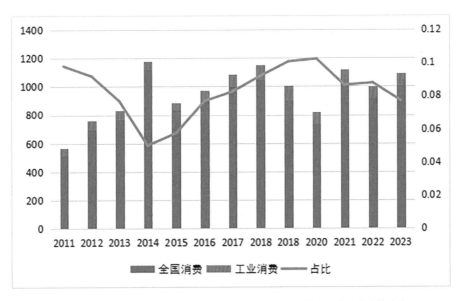

图 24　中国的黄金工业需求走势（数据来源：世界黄金协会、中国黄金协会）

纵向比较是将中国 2023 年的黄金工业使用数据与之前的数据进行

对比。

"中国制造"的纺织品、箱包、鞋靴、玩具等劳动密集型产品在出口中占主要地位时，对黄金原材料的需求并不旺盛。当"世界工厂"转型升级，向技术密集型的高技术产品迈进时，机电产品中黄金的使用量稳步增加。

2010 年后，中国黄金工业需求和总体需求的走势大体一致，稳中有升。2014 年到 2015 年金价大跌，引发黄金投资需求大幅增加，这一时期"中国大妈"大量购入黄金，让"世界工厂"的黄金工业使用量在总需求中的比重下降到 5% 左右。中国黄金协会从 2015 年起，将工业用金和其他用金并表统计，使数据更加清晰。此后黄金工业使用比重逐渐回归，在 2019 年和 2020 年都超过了 10%。

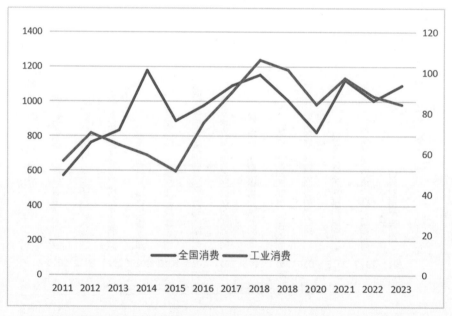

图 25 中国黄金总需求和工业需求的走势变化（数据来源：世界黄金协会、中国黄金协会）

值得注意的是，2023 年出现了国内黄金总需求上升，但黄金工业需求下降的情况，这种背离是 2014 年后首次出现。从绝对数量上看，2023 年的工业用金比前一年减少了 4 吨，降幅不足 5%，这可看作是在正常调整范围内，而且这个下降也是在全球工业用金整体减少的情况下出现的。

黄金在高端制造业中扮演着难以替代的角色。用金量是中国制造业高质量发展的一个维度，仔细观察这个维度，能从一个方面看到新质生产力的发展方向。

第八章

黄金听谁的？炼金士、地质学家还是投机者

黄金的魅力在于其普适性：人人都爱黄金，人人都对黄金有自己的看法。

经济基础决定上层建筑，传统金价分析框架里，总会列出通胀预期、货币汇率等变量，但在更广阔的政治经济学图景中，黄金的表现与不同的预期有关。

对黄金的预期与自由主义风潮密切相关。黄金是自由主义的精神沃土，无论是对国家抱有疑虑，还是对信用货币始终怀疑的人，都会在黄金身上找到不可替代的闪光点。自由主义本身并不需要黄金，但当其充当反对派时，却迫不及待地需要黄金作为甲胄和武器。

互联网让人们前所未有地紧密联系起来，但融合在一起的难度却没有降低，一个并不平坦的世界更需要黄金来弥补沟壑。可悲的是，以前人们只将自己的生活与周边邻居相比较就能获得幸福感，而现在却要和社交媒体上展示出的最发达国家的奢靡生活做比较，这样一来对现状的不满更容易滋生，大多数人主观上会认为自己是全球化的牺牲品。黄金则能在一定程度上缓解这种不安全感，让自己的资产在全球化的冲击下能有所保障。

这种保障既来自黄金，更来自不同行业对这种金属各自的解读。炼金大师和继承他们衣钵的化学家们，在物质变化这条路上上下求索，期望获得这些贵重的金属；地质学家用 46 亿年这种地质尺度衡量黄金的生产，找到其储藏的极限；投机者则善于在螺蛳壳里做道场，研究黄金的外在属性在短时间内的变化。

要了解黄金，兼听则明。

一、黄金神话：东方与西方的混搭

在 21 世纪 20 年代一本正经地讨论炼金术，会有种扑面而来的荒谬感。但考虑到近年来违反常识的事层出不穷，再多一件似乎也不足为奇。更何况如果将时间回拨 400 年，炼金术在当时绝对算得上是前沿科技，牛顿等科学巨匠纷纷投身其中。尽管现代科学已经将炼金术排除在外，但人们对黄金的向往却没有随着时间的流逝而发生变化，于是这就给炼金术留下了一条长尾：说不定什么时候还能借着黑科技的突破再次复兴呢。

当然，在现代实验室里，确实已经可以依靠科技的力量生成微量黄金，这在一定程度上实现了古代穿黑袍的炼金术士的梦想。另外还有一个雄心勃勃的计划是，通过航天工程实现太空采矿甚至捕获某颗含金量颇高的小行星。这两种像是从科幻小说中走出的想法可以说是目的正确，但在手段上却失去了炼金术的初心：以多快好省的方式，将廉价的物质变成黄金。炼金术看不上入不敷出的方式，而是要另辟蹊径。每位炼金术士都是出色的造价师，他们严格的控制成本也很好理解，毕竟人们将炼金术当作一条追求财富的道路，或者是追求长生的方式，而不是赔本赚吆喝的撒钱行为。

因此炼金术对从业人员的要求不只是精通物质变化的化学家、善于调和配比的药剂师，还要是了解成本核算的会计师。沿着这三条"职业操守"，会对炼金术有更系统的了解。而且从一开始就要明白的一点是，了解炼金并非是要去追寻"炼"的方式和"术"的内容，而是从另一个角度了解金的意义和千百年来人们对金的追求。

有"诗圣"之称的唐代诗人杜甫，一直是前辈李白的迷弟。他在七绝诗《赠李白》里，加上了对李白仙气飘飘的描述："秋来相顾尚飘蓬，未就丹砂愧葛洪。"[120]

诗里面提到能让李白感到愧对的葛洪，是位道家大能，被称为"抱朴子"。了解中国传统文化的人都知道，名字后面缀个"子"，就等于在历史书上留了底。抱朴子葛洪出身东晋江南豪族，曾师从东汉末年著名方士左慈，学得一身丹道本领，精研和炼金术殊途同归的丹术。

中国炼金术发端于战国时期，形成于秦汉时期，盛于东晋。东晋正是丹方盛行，名士风流的时期，出现了"竹林七贤"那样的群体。在这帮大客户的眼中，葛洪炼制的丹药是上品。毕竟葛洪有理论也有实践，并敢为实验冒险。

当葛洪听闻交趾出产丹砂，就自行请求出任勾漏令[121]（勾漏在今广西北流市）——当时的勾漏一带和现在大不相同，千里迢迢，人去了可能九死一生。葛洪赴任途经广州时，当地的刺史邓岳表示愿提供原料让他在罗浮山安心炼丹，葛洪一看能解决丹砂问题，就决定中止赴任的行程，从此隐居于罗浮山。葛洪不但炼丹修道，还著书立说，留有《抱朴子》《金匮药方》《肘后备急方》等传世大作。

从葛洪留下的著作名字就能看出，他的论述大多和丹药有关。葛洪在《抱朴子》中记载，炼出的仙丹能让人长生不老，羽化成仙，而且黄帝就吃过仙丹："按《黄帝九鼎神丹经》曰：'黄帝服之，遂以成仙'，'服神丹令人寿无穷已，与天地相毕，乘云驾龙，上下太清。'"[122]炼出长生不死药，是术士的终极追求，在中国的炼制传统中，炼金只是炼丹的一种副产品。

结发长生，驾鹤而去，是众多术士认为在世间潇洒走一回最好的方式。坐拥万金，酒肉朱门，则是次一等的选择。黄金抗氧化、耐磨损的稳定性让古人惊叹，"黄金如火百炼不消，埋之毕天不朽"。方士们猜想，黄金有不朽的特征，如果服用类似黄金的金丹，人会不会也长命百岁？这一大胆的假设虽然难以求证真假，却足够蛊惑人心。在"服金者寿如金，服玉者寿如玉"理论下，术士们希望能炼出一种名叫"金液"的神秘物质，人吃了可以长生不老。长生比财富更诱人，在此诱惑下，炼丹引来权贵赌博式的追捧，而在炼金在这条次一等的赛道上，也留下了不少术士的记录，比如李少君、栾大等。

李少君是汉武帝刘彻宠信的术士。他对汉武帝说，要从丹砂中炼出黄金，用这种黄金做成器具吃饭喝酒能延年益寿，还有机会见到蓬莱仙山的仙人，进而求得长生不老的办法。汉武帝相信了李少君的话，下令炼金，"事化丹砂，诸药齐为黄金矣"[123]。

用炼金蛊惑皇帝这件事也很"内卷"，李少君的竞争对手是方士栾大，栾大比李少君更会吹牛。按史料记载，栾大面见汉武帝时声称"黄金可成，而河决可塞，不死之药可得，仙人可致也"。当然，无论是李少君还是栾大，都只是妄言，并未给汉武帝带来真正的黄金。

术士不可靠，汉武帝刘彻的亲戚亲自下场验证炼金术。淮南王刘安是汉高祖刘邦的孙子，算起来是刘彻的叔辈。他的这个叔叔精通炼丹，并著有大部头理论《淮南子》。不过刘安后来并没有一直在实验室忙碌，也没有专注于其炼丹的副产品豆腐这类美食，而是挑战了难度更高的谋反。叛乱很快被雄才大略的刘彻扑灭，刘安也被抄家。河间王刘德参与了查抄刘安家产的过程，并在刘安的枕头中发现了一本秘而不宣的《鸿宝》，书中记载的是失传已久的炼金术和一些养生秘方[124]。后来刘德的儿子刘向按照书里的方法试图炼出黄金，但结果却只留下《汉书》中记载的"费甚多，方不验"，刘向的发财梦断。

之前刘安的门客自称可以将汞制作成金和银，从现在科学的角度看，炼丹术士所造的金银大都是汞化物。在化学反应中，汞氧化后根据不同的反应会呈现出红、黄两种颜色，黄色的就被视为"金"，炼金术因此在中国古代又称"黄白术"。

"黄白术"迅猛发展是在唐代，一方面作为中国封建王朝的顶峰，兼容并包的大唐对各类探索态度上包容，物资上供应充沛；另一方面当时皇室自称老子后裔，重视道家一脉的炼金术也算是在振兴祖传艺能。

初唐有名的炼金术士名叫成弼，据称善于将赤铜炼化为黄金。《太平广记》里记载成弼一度被封官，他炼造的黄金成色好，在市面上被叫作"大唐金"。《酉阳杂俎》中称"官金中蝼顶金最上，六两为一垜，有卧蝼蛄穴及水皋形，当中陷处名曰趾腹。又铤上凹处有紫色，名紫胆。开元中，有大唐金，即官金也。"[125]

不过大唐金虽然一度被称作官金，但成弼最终还是作假败露，被皇帝斩首。历代不少术士留下了和成弼类似的"炼金方子"，在炼金术下的伪金伪银多用汞和铜、铁、锡等金属合成，而这些合金瞒不过行家的眼睛，各种伪金大都是炼金术士的产品。

炼金术没能产丹，也不产金，但却有个划时代的副产品——火药。炼丹过程中的爆炸促进了火药的诞生，《抱朴子》一书中就在炼丹过程中提到，火药的制作大致有：煅、炼、炙、熔、抽、飞、优等步骤，这些步骤都是最基本的化学操作，为术士的必备技能。

唐代的恒罗斯一战在东西方文化交流方面具有重要意义，火药就此传到了西方，而中国炼金术也一道传往阿拉伯国家，促进了阿拉伯炼金术的发展，阿拉伯炼金术后来又传入欧洲。

其实欧洲炼金术还有更古老的历史渊源。埃及的努比亚人是世界上最早开采和冶炼黄金的群体，考古证据显示5000多年前那里的人已经慧眼识金。古埃及人掌握了冶金术，也顺带发展了只有一字之差的炼金术。公元前200年左右生活在尼罗河三角洲地区的德谟克利特斯是最早可以考证到姓名的炼金术士，他所写的《自然和神秘之物》提到了制造黄金的配方。19世纪发现的古埃及莱顿莎草纸和斯德哥尔摩莎草纸上，也描述了一些用于染色、制作香水、冶炼金属等为目的的实验方法和配方，其中也有一些涉及金属转化的内容。从这些文本上可以发现，最初人们关注的重点是给其他金属染色，让其看上去像是黄金。之后炼金术士对自身的技术提出了更高的要求，即让炼金产品摸上去、用上去和称上去都像是黄金。

埃及人将不断勇攀高峰却始终距离成功差着几步的炼金技术向北流传到地中海和爱琴海地区。古埃及主掌月亮的神祇托特，以及后来希腊神话中的商业和旅者之神赫耳墨斯相互融合，被看作是炼金术士的祖师爷，炼金术士常在他们的炼金原料上贴上画着赫尔墨斯神像的封条，以确保成功率。

公元前 1 世纪，埃及海港城市亚历山大成为当时炼金术的中心。这座以图书馆闻名的城市适合发展炼金术这类当时的知识密集型产业，托勒密王朝对各种探索都持支持态度，当地汇集了古埃及工艺、希腊哲学，以及东方神秘主义思潮。在多种力量的集合下，在亚历山大产生了《赫尔墨斯文书》这本记载金属混合技术的理论著作。这些技术书籍以有"大百科全书"之称的亚里士多德的四元素说[126]为根基，并根据炼金需要进一步发展。亚里士多德一直主张世界由土、气、水和火四种元素构成，而炼金术士认为在基础的四元素以外，还存在汞、硫和盐这三种次要的金属元素。白铅和红铜等金属之所以没有像黄金那样耐久，就是因为缺乏次要元素或比例不当，导致性质有所欠缺。汞、硫和盐三种元素配比调整，可以得到白铅、红铜或黄金。炼金者反复尝试，用不同的方法并按各异的比例把三种次要元素混合在一起，或者在常见的金属里加入某一种次要元素，期待能炼制出黄金。

炼金术还能和最早提出原子论的古希腊哲学家德谟克利特扯上关系。虽然不能确认是否是托名的伪作，但德谟克利特留有"炼金"与"结合元素"的论述。可以确定姓名的炼金术士是 3 世纪出生于埃及帕诺波利斯的佐西莫斯。他留下的手记中描述了各种用于蒸馏、升华、过滤等操作的仪器，说明埃及的炼金术实践已经非常发达。佐西莫斯对蒸汽固体作用特别感兴趣，且尤为关注金属在嬗变过程中的颜色变化，这种对颜色的关注在之后几个世纪中一直在指导炼金术实践。

源自埃及和希腊的炼金术不断开花结果，已经有了几分通过实验来穷举的意味。炼金术士的工作并非盲目的试探，在当时留下的炼金笔记中，既能看到实际的观察，也能看到指导实际工作的理论。而当观察和实践都不能带来黄金时，还会有新的理论和材料来填补框架漏洞。

7 世纪中叶以后，阿拉伯世界流传的炼金术通过伊利里亚半岛传到欧洲，扩充了炼金术的理论、技法和使用的材料。阿拔斯王朝[127]宫廷御医贾比尔·本·哈彦[128]的著作对炼金术产生了深远影响。他将古希腊的炼金术思想和伊斯兰教什叶派的宇宙生成说相融合，进而创造出被称为"秤学"的炼金术学说。在《东方录》一书中，本·哈彦还吸收了来自中国五行生克的炼金思想，提出特定的金属可通过某种媒介实现物质间相互转化。

相生相克，这看上去是熟悉的理论。以此为理论基础炼金的结果也是熟悉的：没炼出一克黄金。不过在炼金过程中总结的经验教训或许比黄金更宝贵，炼金术士越来越注重实验，就像本·哈彦说的："让术士们感到高兴的并非得到了大批材料，而是找到了完善实验的办法"。

在 12 世纪前后，阿拉伯人保存的古希腊知识回流欧洲。许多欧洲学者前往南伊比利亚，学习伊斯兰图书馆中保存的古希腊各学科知识和思想，并将它们译成拉丁文在欧洲传播，这些学科中也包括炼金术。1144 年，英格兰修士切斯特的罗伯特在西班牙完成了对一本阿拉伯炼金术著作的翻译，其拉丁文题名为《论炼金术的组成》。

西方炼金术的理论和实践虽然都在逐渐发展，可在官方层面却一直没有得到认可，这与中国的情况有所不同。罗马皇帝戴克里先下令禁毁所有炼金术相关书籍，并禁止炼金。后来教皇约翰二十二世[129]发布教令，宣称"事物的本性中并不存在"金属嬗变的可能性，因此炼金术士们"最终用假嬗变来冒充真金银"，并禁止将嬗变产物当作天然金银使用或售卖，违者将被判罚缴纳等重的真金银。

正是由于官方的禁令，让炼金术士被塑造成了神秘、阴鸷的形象，这种刻板印象一直流传至今。具有讽刺意味的是，在炼金术书籍中对术士的要求则是大相径庭的另一标准：健康、谦逊、耐心……

比利时漫画家皮埃尔·居里福特在1958年创作出一部系列漫画《蓝精灵》，很快就风靡全球。漫画中的大反派格格巫是一个狡猾、贪婪的炼金术士，他反复炼金不成，认为是缺了一种关键材料，只要抓住七个蓝精灵加到煮皿中，就能成功炼出黄金。

格格巫在山的那边、海的那边找到了炼金的关键配方，光这一点就比现实中苦苦追寻而不得的其他炼金术士要幸福得多，后者试图用科学工具造出黄金，但迟迟不得其法。尤其从文艺复兴开始，科学逐渐从宗教的禁锢中被释放出来，人们对金属的了解越来越深入，炼金术也趁机插上了科学的翅膀。再加上印刷术的传播，当时出现了一场"炼金知识大爆炸"，先后出版了一大批关于炼金术的书籍，比如公元16世纪后半期《自然魔术》在那不勒斯出版；公元17世纪《被正视、被完善、被增补的炼金术》在法兰克福出版；17世纪晚期出版了广为流传的《锑的凯旋战车》……那个时期炼金术这个行当里也是"大师"辈出，法国人尼古拉·弗拉梅尔、英国人乔治、里普利、意大利人约瑟夫·波里、瑞士人约翰·赫尔维提乌斯等都是著名炼金术士。

当时炼金术是一门发达的显学，以至于获得了几乎能与数学、物理学、天文学等学科并列的地位。一批勇于探索自然前沿的科学家"入坑"了炼金术,将其作为要征服的课题。16 到 18 世纪不少科学家的手稿中,都能找到炼金术的痕迹。比如伽利略、达·芬奇、波义耳和牛顿等人都涉猎过炼金术。牛顿留下的手稿显示,他曾下了大功夫逐字逐句注释了不少古代炼金术著作,为了方便查询,牛顿还编辑出一份包含大约 7000 个名词的炼金术词汇表。

牛顿中年时离开剑桥大学前往伦敦,在皇家铸币厂任职,这份新工作不但薪酬比教职高很多,而且让牛顿接触到大量用来铸币的贵金属。牛顿认为铸造金币必须使用真金,但他同时也没有放弃将其他金属转化为"真正的黄金"的努力。1940 年经济学家约翰·凯恩斯被授权打开一箱被封存了两个多世纪的牛顿手稿,他惊奇地发现里面包含大量牛顿在炼金实验中所做的笔记。牛顿相信古代炼金术士知道如何制造黄金,并曾亲自进行过多次炼金术实验,包括参照前辈炼金术士的笔记,炼制出一种被称为"星锑"的晶体。牛顿认为"星锑没有贤者之石那么宝贵,但其中隐藏着一种绝妙的药物"[130]。牛顿还通过观察炼金坩埚中物质的运动获得感悟,认为天体之所以拥有引力,是因为宇宙就处于上帝巨大的坩埚里。

炼金术在高峰期分裂成两派:一派被从科学的大雅之堂中驱除,成为兜售神秘主义的江湖骗子,另一派则留在科学殿堂中,致力于建设化学这门新兴的学科。换句话说,化学这门学科,是从不断失败的炼金术中脱颖而出的。

至于失败的炼金术士,就像乔叟在诗里描述的:

"这捉摸不透的学问真是害人,
是我不论到哪里都不名一文。

说真的，我还为此借了很多钱，

直到今天，那些钱还都没还。

可以说我这一辈子都没法还清，

但愿每个人都能汲取我的教训。"[131]

二、化学之路：科学和玄学住隔壁

在俄国化学家门捷列夫于 1869 年总结出第一张元素周期表之前，找到一种元素的"左邻右舍"并不那么容易。虽然不能说"元素表不出，化学如长夜"，但在黑暗中摸索规律确实是件费心、费力、费运气的事。

门捷列夫善于总结规律，更做得一手上好的"完形填空"。他把黄金放在元素周期表里的 79 位，因为黄金的原子序数为 79，也就是说每个黄金原子核内有 79 个质子。在门捷列夫之前的数百年里，有大批先驱凭借点点微光，为他的完形填空积累起素材。其中既有拉瓦锡、法拉第这些为后来者贡献出肩膀的巨人，也有更早筚路蓝缕的炼金术士们。他们的神奇之处在于在寻求长生和财富之中，发现了元素的应用。

从英语中化学（Chemistry）这个词里，就能找到炼金术（Alchemy）的词根。炼金术士在实验中使用了许多现代化学中常用的实验设备，例如鼓风炉、实验室玻璃器皿、热量计等，这些设备都是现代化学实验中的基本工具。更重要的是，在没有元素周期表的指引下，炼金术士很早就发现，要炼出黄金，最好的原材料就是和它相邻的汞。

最初炼金术士坚信包括黄金在内的其他金属，都是由水银、硫黄和盐这些基本成分构成。当时炼金术士通过在实践中摸索，逐渐发现汞能够和除铁之外几乎所有常见的金属融合在一起。炼金术士将汞合金与硫黄放在一起加热，所产生的物质呈现出五颜六色。

金红色的氧化汞让炼金术士感到兴奋，鲜红的朱砂在加热后变成银白色的汞更让人惊叹，而可溶解黄金的王水则被他们称为"黄金饮料"。

真正把黄金和汞的关系从神秘主义的殿堂中拖出来的，是有"现代化学创始人"之称的罗伯特·波义耳。波义耳一生中大部分时间都在探寻炼金术，并被一名叫迪克罗泽对的法国人骗走不少钱财。迪克罗泽对波义耳宣称他那里有炼造黄金行之有效的配方，他还可以引荐波义耳加入"真正的"炼金术士秘密组织。一心炼金的波义耳对此信以为真，并付出了沉重代价。

实际上这笔被骗的钱或许是波义耳一生中花的最值的一笔，因为它可以看作是催生化学这门学科的学费。1661 年波义耳出版了《怀疑派化学家》，这本小册子被认为既是对以往炼金术的批判之作，更是让化学从炼金术中独立出来的创新之作。这本书发表的日期，也被看作是现代化学学科诞生之日。

作为"化学之父"，波义耳明确了研究化学的目的。他认为研究化学并不是拘囿于炼金或是医药，而在于深入探索物质的本性。为认识物质需要设计并进行大量实验，有目的地收集观察到的事实。这种体系化的探索让化学从古老的炼金术和医药学中脱颖而出，发展成为一门专为探索自然界本质的独立科学。就像波义耳所说的："化学，到目前为止，还是认为只在制造医药和工业品方面具有价值。但是我们所说的化学，绝不是医学或药学的'婢女'，也不会甘当工艺和炼金的'奴仆'。化学本身作为自然科学中的一个独立部分，是探索宇宙奥秘的一个方面。化学，必须是为真理而追求真理的化学。[132]"

从炼金术士华丽转身为化学家的波义耳没有中断对黄金和汞的持续探究，1676 年他在英国皇家学会发表了题为《论用黄金加热水银的过程》，报告了一种与黄金混合后会发生反应并产生热量的汞化合物；

在另一篇论文《化学原则的可推导性》中他报告了一种可以立即溶解黄金的汞化合物。

上千年来，汞一直诱惑着炼金术士，让他们对炼出黄金充满各种希望，但冷峻的事实又让这些瑰丽的期望像肥皂泡沫一样破裂。更残酷的是，由于长期暴露在有毒性的汞蒸气中，炼金术士不但失去希望，身体也普遍受到了摧残。

在科学被启蒙运动送上神座后，作为一种典型的"伪科学"，炼金术切断了和化学的联系，被贴上愚昧无知的标签后扔入了历史的垃圾堆。

轻言愚昧有时也是一种傲慢和偏见。科学并不会对炼金术完全否定，只是在一定条件下没有条件捅破物质转化的这层窗户纸。之前的炼金术从未成功，并没有阻止人们对于炼金术的兴趣和期望，现代"科学炼金"崭露头角，并取得了一些实质性突破。

和之前的炼金术士不同的是，现在的实验室人员有元素周期表当索引，并有高能加速器这个新的炼金炉，以及庞大的电能作燃料。在装备了新工具后，要获得有 79 个质子的黄金，理论上有两种方法：将低于金序号的元素核内质子数增加到 79 个，这个元素就可以变成金；或者只要将高于金序号的元素，减少核内质子数，使之等于 79 个，这个元素也会变成金。然而不管是给质子做加法还是做减法，都要通过巨力流撞击形成巨大压力和极高的温度导致核聚变或裂变，从而得到所需元素。先不论原料，单单是引发裂变或聚变所需的仪器和能量，在价格上就是天文数字。

20 世纪 80 年代，研究人员采用美国劳伦斯伯克利国家实验室的加速器，将 α 粒子，也就是氦原子核加速到接近光速，然后轰击铋原子，从而获得了金原子。这是因为铋原子核有 83 个质子，α 粒子有 2 个质子和 2 个中子，通过轰击将铋原子核内的 4 个质子撞出，铋原子就转化为金原子了。这种制造元素的方法十分昂贵，得到的金元素只是原子级的——按照这种方式，虽然在理论上炼金行得通，但事实上很难生产出哪怕一克黄金来。

能以克为单位产出黄金的实验发生在 20 世纪末。日本物理学家松本高明在 1997 年进行过一次实验，通过 γ 射线连续照射 1 块重量为 1340 千克的汞金属，照射了 70 天之后对金属进行冷却，获得了 744 克黄金。

γ 射线又称 γ 粒子流，是最高强度的电磁波，波长小于 0.01 埃，频率高于 1.5 亿亿赫兹，具有极强的穿透能力。通过用 γ 射线长时间照射汞，会让 80 号元素汞失去一个质子，成为 79 号元素金。这种"点汞成金"的科学炼金术在经济上并不划算，因为虽然汞比较常见，但 1 千克汞的价格仍高于 1 克金价，更不用再加上连续产生强 γ 射线的成本。

创造黄金的成本远远超过所产生的黄金价值，这意味着为了求财而制造黄金，最终是笔亏本买卖。技术进步寄托着降成本的希望，当前实验室培养的钻石已经在逐步蚕食天然钻石的市场，但实验室的黄金仍没有足够的力量迈入到工业化生产领域中。

当然，也有改头换面的工业炼金术取得了成功。他们使用的材料不是汞，而是电子垃圾。如果按照严格意义，将回收金排除在炼金术之外的话，即使在科技相对发达的今天，听起来最靠谱的炼金方式，仍是八洞神仙吕洞宾和丰饶女神德墨忒尔的金手指。

三、黄金赫伯特峰值并不远

地球物理学并不是一门显学，但美国人马里昂·金·赫伯特（M. King. Hubert）[133] 却是世界上在这一领域最被公众熟悉的学者之一，他因对化石燃料时代的预言受到广泛重视，他的预言在黄金领域也同样适用。

早在 20 世纪 50 年代，赫伯特作为地质学家在得克萨斯州为壳牌石油公司工作时，根据美国油田的实际数据，发现化石燃料生产的趋势几乎总是相同的，都遵循着钟形曲线正态分布模式。他认为对于任何给定的地理区域，从单个产油区到整个地球，石油产量的增长率都会遵循钟形曲线。石油是一种典型的不可再生资源，随着不断开采，即使储量再丰富的地区，石油产量都会达到最高点，这个峰值后转而逐步下降。

赫伯特 1956 年在美国石油研究所的年会上发表了一篇论文，正式提出了石油峰值理论。他大胆预言，美国的石油产量将在 1965 年到 1970 年左右达到顶峰，在那之后产量会逐步下降。当时有不少地质专家对赫伯特的预测提出质疑，他也没有预测到后来的页岩油革命，但在 1970 年，他所预测的情况发生了。当时石油产量到达每天 1020 万桶的峰值，随后的这些年，石油产量持续下降，这一模式与赫伯特十几年前预测的模式极为相似。在那以后，石油专家把石油产量出现峰值的情形称为"赫伯特顶点"。

赫伯特的峰值理论不仅被应用在石油领域，也广泛应用黄金生产领域。南非这个曾经的全球最大黄金生产国的产量，就画出了一条钟形曲线，其峰值出现在 1970 年。南非的情况是一个缩影，全球黄金生产也呈现出类似的轨迹。

当然，各方对"赫伯特顶点"何时到来说法不一。早在 2009 年，加拿大黄金巨头巴里克黄金公司的总裁亚伦·雷根特就表示，自 21 世纪初以来，全球黄金产量每年下降约 100 万盎司。随着矿石质量的下降，全球矿山总供应量下降了 10%。他拿出有强有力的证据表明，黄金产量很快将达到峰值，此后会持续下降。

从目前的情况看，黄金的"赫伯特顶点"很可能出现在 2018 年。

当年全球金矿黄金产量达创纪录的 3655.9 吨, 从 2010 年的 2754.5 吨的基础上完成了九连涨, 实现了 32.7% 的增幅。而在 2018 年之后的 5 年里, 全球金矿的黄金产量再也没有达到这样的水平。

图 26 黄金生产成本变化 (数据来源: WGC)

在黄金产量稳中略降的同时, 黄金的生产成本却在上升。全球黄金的生产总维持成本 (AISC) 在 2016 年第一季度形成底部, 之后逐渐上涨, 到 2024 年第一季度几乎已经翻番。虽然黄金生产技术在进步, 但矿石品位下降、边际成本提高的因素影响着产能, 成本的涨幅也限制了矿山商扩大生产的能力。

随着找矿越来越困难, 全球黄金产量近期超过 3655.9 吨峰值的可能性在减小。当然, 潜在矿藏增长、新技术的应用、基本的商业因素或地缘政治对生产的影响, 都是赫伯特当年的钟形模型的缺口。比如勘探技术进步是人们指望黄金生产可持续化的希望之光。比如在世界黄金协会的指引中, 2020 年全球地下黄金储藏量约为 5.6 万吨, 而到了 2024 年则提升至 5.9 万吨。鉴于在这期间矿业公司又挖出了将近 1

万吨黄金，地下储备量还在提升，这一结果让人还能存有些许乐观。

黄金生产峰值可能还会被突破，但生产的极限依旧存在。经历了超过 60 个世纪的不断挖掘后，赫伯特的预言只是迟到，不会缺席。关键是要如何面对产量下降的时代，而在下降区间中目前涉及黄金生产的国家、公司和个人的格局都会被改变。

四、黄金和比特币：哪个更擅奔跑

黄金总会习惯性沉溺于"天然是货币"的光辉岁月里，骄傲地认为和超过五千年的货币史相比，布雷顿森林体系瓦解至今也不过是短短半个世纪的时间，风物长宜放眼量，当下的去货币化只是历史长河的一小段，黄金时刻准备着重归货币舞台中央。

当下的这一小段是短暂的逆流，还是未有之大变局的一部分？对黄金所处的位置人们有不同的看法。从最早的黄金铸币到金本位制度，时光的沉淀为黄金编织出难以被替代的光荣与梦想。但经历了金属、纸张等货币载体后，新的变局已经出现，从信用货币到电子货币，货币发行在经历着翻天覆地的变化。从金属货币向纸币过渡的上千年里，黄金并没有被完全取代，甚至直到现在仍有国家发行金币。当下在从纸币向电子货币的转变过程中，作为上个时代遗存的黄金再次面临考验。尤其是被称为"数字黄金"的比特币的兴起，更是让一些流向黄金的资金被抽走——这一幕在 2020 年第四季度就出现过，不少资金从黄金 ETF 中流出，转向购买火爆的比特币。

古老的黄金和新潮的比特币之所以能被相提并论，是因为它们都和人们日常生活中离不开的货币有千丝万缕的联系。"金银天然不是货币，但货币天然是金银"，这个论断已经耳熟能详。耐磨损、抗腐蚀等物理特性，使黄金成为货币贮藏的天然材料，其便于分割、价值统一，是作为一般等价物的上好载体。从吕底亚王国铸造金币开始，到金本位风行天下，黄金在历史长河中始终扮演着货币代言人的角色。选择黄金作为价值和交易媒介很可能要早于有记载的历史，1000多年前有人想出一个聪明的想法，创造了一种可交易的纸质替代品，但其背后仍然是用贵金属支持的。

作为世界主要储备货币的美元一直在推动黄金非货币化的进程，从而摆脱黄金的羁绊，实现可以随意超发的目的。在华尔街金融风暴后的十多年里，美联储上演"印钞机总动员"，大肆向全球输出通胀，已经证明了黄金非货币化的负面后果。不过好在用了数千年的黄金虽然被霸权剥夺了货币的王冠，但没有就此相忘于江湖，而是仍在庙堂中占有一席之地。全球各大央行在外汇储备中都给黄金留有份额就说明了其地位。更重要的是，在美元源源不断地从美联储的印钞机中流出后，出于"不想把鸡蛋放在一个篮子里"的考量，多国央行相继推动外汇储备多元化，并在这一进程中连续十多年增持黄金这种"前货币"。

比特币以"数字革命先锋"的身份出场，本质上是计算机通过预设程序生成的一串复杂的数字代码。理论上不管身处何方，每个人只要拥有一台接入互联网的电脑，就可以挖掘、买卖或储存比特币。比特币这个"数字先锋"描绘出一幅未来已来的美好图景，甚至会让人怀疑如果搭不上这趟驶向光明科技前景的直通车，就会被永久地遗弃在只能掏出几张皱巴巴纸币在街边小摊上买碗木薯泥来果腹的第三世界。近年来，比特币接连突破1万美元、2万美元、3万美元……甚至6万美元的重重关口[134]，也在现实中增强了其投机吸引力。人们追捧比特币的逻辑也似乎也变得清晰：现在多赚一笔，就离美好未来近了一步。

投机性的贪欲和唯恐到不了未来的恐惧，混杂成了追捧比特币的洪流。然而比特币的价格虽然不断攀升，但却缺乏笃信的坚实地基。一种货币要被广泛接受并用于交易，币值稳定是必要的条件。只有稳定的币值，才能充分发挥支付手段和价值储存的功能。黄金的吸引力就在于能够稳定地保护购买力，金价与货币发行量和通胀率密切相关。而比特币则以波动性著称，经常和"一夜暴富""过山车行情"等词汇联系在一起。

比特币和传统意义上的货币最接近之处，只是其名字里带了个颇具误导性的"币"字。除此之外，它就是一种彻头彻尾的金融产品，本质上和曾激起历史性泡沫的南海橡胶或者荷兰郁金香没什么不同。如果非要找出一点差别的话，就是泡沫破裂后，郁金香花球在发芽后还能送出一朵扎心的小红花，而类似的情况一旦发生，比特币的持有者什么都不会留下 [135]。

关于哪个更接近货币，央行已经给出了答案：对黄金建起金库存放，对比特币加以重重限制。

"永远不要和央行作对"，是金融市场里最朴素的箴言。不过，在信用货币时代，央行金库里的黄金也有可能只起到压舱物的作用，而没有再变成货币的一天。在充斥着喧哗与骚动的投机时代，很多情况下陈旧意味着原罪。虽然黄金再货币化的呼声一直不绝于耳，但黄金依旧只是在极端情况下才会施展出最终支付手段的本领，在平常时期则与通用的支付货币分道扬镳。

至少在当下，不能简单地把黄金看作货币，而比特币则仍完全不具备货币的属性。

第九章

黄金的 "责任感"

江山易改，本性难移。但似乎在一夜之间，围绕冷冰冰的黄金展开的行业开始谈论道德和责任了。

在过去几百年里，黄金曾经占领过货币流通的制高点，但占领道德高地却从来不是这种贵金属的强项。黄金虽然闪闪发光引人关注，但其过往的经历让人想到的却不仅仅是光鲜，还有对美洲血腥的殖民掠夺，在非洲无情的奴役开采以及西进运动等，每一帧历史瞬间都凝聚着马克思提到过的"血和肮脏的东西"。由于其耐磨损和抗腐蚀的物理特性，当年在"黑历史"中开采出的黄金绝大多数留在世间，或被熔成金锭，或被铸成金币，或被打成金饰……黄金仍在，黄金对过去的经历都有记忆。

黄金本身是中立的，但获取它的手段却一言难尽。不过近年来从世界黄金协会到伦敦金银市场协会等主要组织，都开始大力推行负责任的开采、负责任的采购、负责任的需求等标准，大力推行行业 ESG（环境、社会与治理）标准。

一、两个行业组织推动这波运动

行业围墙就是不断推出的各类标准，而且有"责任"在不断粉饰，让围墙看起来更加伟大、光荣、正直。而在围墙内的受益方，则是推动筑墙的市场。比如在被纽约黄金期货市场连续压制了将近十年后，以现货为主的伦敦黄金市场计划打个漂亮的翻身仗。

局势扭转并不容易，有天时和地利的因素。天时在很大程度上是新冠疫情传播，让全球黄金市场极度混乱；地利则是伦敦比纽约更加靠近瑞士这个精炼中心。在这些因素加持下，不少金融机构将一些黄金头寸从纽约期货市场转移到伦敦的场外交易市场。

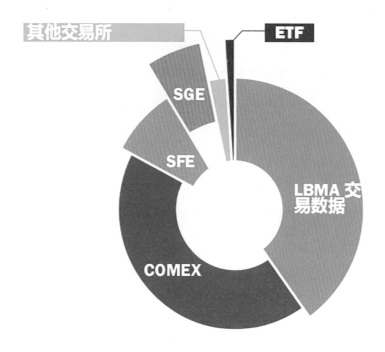

图 27　全球黄金市场中伦敦（LBMA）、纽约（COMEX）和上海（SFE+SGE）三分天下

　　在市场争夺战中，天时属于不可抗力，伦敦地利的优势慢慢凸显出来。和精炼商关系密切，是伦敦黄金市场的核心竞争力。想打赢翻身仗，要看指挥官。伦敦是全球贵金属交易中心，伦敦市场以场外市场著称，那里集合了银行、交易商、大宗商品交易公司、央行、精炼厂以及矿业公司等这条黄金产业链上的各类参与者，共同组建成场外批发市场。在伦敦黄金市场中，交易参与者需要建立彼此的双边交易安排，包括双边信贷安排。伦敦场外黄金交易也受标准文件的约束，为参与者提供了双边协议的模板。负责制定这些文件的机构则是伦敦金银市场协会（LBMA）。

　　伦敦金银市场协会是贵金属行业的全球权威机构，其使命是通过制定标准和开拓市场服务，确保全球贵金属行业的最高领导水平、诚

信度和透明度 [136]。伦敦金银市场协会是全球贵金属批发市场卓越的标准制定机构。截至 2024 年在 23 个国家和地区拥有 164 名成员，他们的业务覆盖了贵金属生产的各个环节。伦敦金银市场协会力推"负责任采购"原则，致力于成为黄金行业的"责任旗手"。

图 28　伦敦金银市场协会及其合格交付商名单标志

另外的"责任旗手"是世界黄金协会（WGC），与伦敦金银市场协会（LBMA）是黄金市场的管理机构不同的是，世界黄金协会是黄金行业的市场拓展机构。这种差别意味着前者对成员的政策刚性更强，而后者主要提供咨询和服务。

图 29　世界黄金协会标志

世界黄金协会称其目标是促进和维持黄金的需求，树立行业引领地位。其任务之一是"帮助人们理解黄金的投资特性及其在满足社会需求和社会的环境需求方面的重要性。"

世界黄金协会的会员主要来自金矿开采公司。这个协会代表黄金生产商发出统一的声音，表达一致的看法，开展行动维护声誉并不断扩大影响力。世界黄金协会称其"在潜在高风险或冲突影响方面已提供充分的支持，确保其能够负责且透明地运营，并且能够证明其对社会及经济发展的贡献。"[137]

世界黄金协会致力于说服会员，目前所倡导的负责任开采黄金的内容，大部分是矿业公司之前应遵守的。比如在负责任黄金的栏目下，又包含了九个方面的内容，包括黄金矿业对可持续发展目标（SDGs）的贡献、负责任黄金博客、负责任黄金开采原则、黄金与气候变化、透明度、总维持成本和总投入成本、手工和小规模采金、非冲突黄金开采，以及黄金促发展计划。

栏目一一列出，确实包罗万象。大到联合国的发展愿景，小到矿工的家庭生计都有涉及。世界黄金协会也不讳言，"负责任"就是个筐，什么都能往里装。将之前安全生产规范、财务纪律等要求都塞入了这一条目下。因此世界黄金协会也告诉会员新的"负责任"达标并不会增加多少额外成本。相反在贴上"负责任开采"标签后，还能给矿业企业带来社会效益和经济效益。

企业的收益可能来自推高股价，也可能来自低成本的融资。2021年1月中旬，彭博和洛克菲勒资产管理公司联合推出一个环境、社会和公司治理基准指数。该指数根据企业相较于同行在可持续性方面的改善情况对企业进行排名。这份指数对于被动型投资基金具有参考价值。

在规范黄金行业道德方面，伦敦金银市场协会和世界黄金协会之间有沟通与协调。双方提出的"负责任采购"和"负责任开采"都在提升行业的道德责任，增强社会治理能力。伦敦金银市场协会与世界黄金协会密切合作，确保负责任采购计划与世界黄金协会负责任开采原则（RGMP）[138] 之间的顺畅衔接。

伦敦金银市场协会和世界黄金协会提倡的两项负责任标准有很大一部分重叠的内容，因此可以互通，不过需要注意的是，两者仍有不少差别。首先，两个组织的规范产业链环节不同，世界黄金协会主要涵盖的是上游的生产环节，伦敦金银市场协会聚焦的是中游的冶炼和流通环节。

其次，两个组织的规范强制力不同。世界黄金协会是由生产商组成的行业组织，其规则对成员缺乏强制性。伦敦金银市场协会则是市场管理机构，20 世纪 80 年代从英格兰银行中独立出来，制定出的规则对成员有强制性，不遵守规则的成员会被禁入伦敦黄金市场。

再次，两方对于负责任合规的激励机制不同。世界黄金协会为合规提供降低融资成本的奖励，伦敦金银市场协会则是用负面清单来规范行为。比如伦敦金银市场协会有零容忍原则，绝不容忍危及合格交付商名单系统信誉和完整性的违规行为。审计师将在 24 小时内向负责精炼厂治理的人员报告任何零容忍违规情况，通知伦敦金银市场协会。伦敦金银市场协会高管将及时、客观地审查每个案例，并可将相关精炼厂从经认证合格交付贵金属精炼厂的名单中除名。零容忍的违规行为包括但不限于查明含贵重金属的材料与武装冲突、严重侵犯人权、资助恐怖主义或洗钱有关；精炼厂不遵守当地法律法规，或不履行环境、社会和治理责任；发现精炼厂伪造文件或精炼厂贵金属供应链的任何参与者在精炼厂知晓并接受的情况下伪造文件的证据等。

二、从合格交付商制度到负责任的黄金

伦敦金银市场协会负责对伦敦黄金的供应商实施监督，并掌握着合格金银交付商名单这样的利器。全球的精炼商都要遵循伦敦黄金市

场制定的规则，这是市场流动性的保障。合格金银交付商清单是黄金市场的基准，规定了贵金属质量的全球标准。黄金市场的参与者都要遵守"合格交付商"条款和行为准则里的规定和惯例，主导黄金交易的大型国际金融机构通常只处理合格交付商清单上的黄金精炼厂的产品，同时只有达到合格交付标准的金条才能用作伦敦黄金市场的合约交割结算。

伦敦黄金市场可追溯至 1671 年，是全球最大、最古老的黄金金融市场。伦敦黄金市场有效运作的关键一环是，贵金属在市场参与者和清算系统指定的金库间自由流动，相关系统、流程和控制不断完善。

伦敦金银市场协会授权"合格交付商名单"，旨在向伦敦黄金市场提供合格的精炼厂名单。入围的精炼厂必须生产出纯度、质量和产品外观都满足高标准的金银条。而精炼厂的生产量最低阈值为每年 10 吨高纯度金或 50 吨高纯度银。精炼厂的有形资产净值，至少要达到 1500 万英镑。此外，精炼厂的长期稳定性与标准本身同等重要。

伦敦金银市场协会在合格交付商名单中列出了合格交付商需遵守的五项原则：

原则 1 诚信：精炼商必须诚实行事，包括采用最佳实践和可靠的业务实践。

原则 2 技能、谨慎和勤奋：精炼商必须以合适的技能、谨慎和勤奋执行业务。

原则 3 管理与控制：精炼商必须合理谨慎、负责、高效地组织并控制其事务，并配备适当的风险管理系统。

原则 4 财务稳健：精炼商必须保持充足的财政资源及记录。

原则 5 市场行为：精炼商必须遵守适当的市场行为标准。[139]

虽然这五项原则看上去都大而化之，但伦敦金银市场协会会定期审查清单上的精炼商，以确保这套严格的标准得以执行。无法满足标准的精炼厂将会被除名，其声誉和效益都将受到严重影响。

按照合格交付商名单制度，通过认证的精炼商需承诺负责任地采购贵金属，将其精炼成合格交割金条并运往经批准的伦敦金库。随后金银条可在市场上的机构之间自由交易。

伦敦金银市场协会合格交付商名单为国际市场所接受，获得全球交易所、央行和交易商的认可，具有全球公信力。理论上全球几乎所有的黄金，都会进入遵循伦敦合格金银交付商制度的精炼厂，然后才能进入全球市场。但事实上，每年只有大约六成的黄金会进入这一系统中。比如2018年全球矿山共生产了3554吨黄金，但符合标准的精炼厂共处理了2153吨来自矿山的黄金，这意味着全球每年还有大约1400吨黄金由伦敦金银市场协会系统外部的精炼厂处理。

为了将那些流落在外的黄金都收至麾下，伦敦金银市场协会推出负责任采购准则。这个准则就是要通过团结生产和购买2153吨黄金的伙伴们，逐步占据另外那大约1400吨黄金的地盘。

伦敦金银市场协会称其使命是通过提升标准和开发市场解决方案，为全球贵金属行业确保最高水平的领导力、诚信和透明度。伦敦金银市场协会"负责任采购计划"是为合格交付商量身打造的，并提出了进一步的要求，旨在确保持续改进负责任采购业务实践。"负责任采购计划"保证来自伦敦金银市场协会认证的合格交付给精炼厂的所有黄金均要遵守反洗钱的最高标准，不能提供和恐怖主义相关的融资，阻止与在生产过程中助长矛盾冲突、侵犯人权、犯罪或环境破坏有关的黄金进入供应链。

图 30　黄金产业链上下游

　　通过确保供应商遵守全面的国际标准，黄金企业可以积极地改善其供应链。负责任采购要求企业不仅要考虑财务、后勤甚至声誉方面的因素，还要考虑自身行为和供应商行为等带来的更广泛的影响。而其言外之意是，不符合这个标准的精炼厂通常不关心其黄金来源，可能让无法溯源的"不负责任的黄金"以回收金等形式流入全球供应链中。因此，为了提高监管力度，要提升行业标准。

　　伦敦金银市场协会（LBMA）在推行更高的行业标准的同时，也提供了相应的检查工具。除了规定并加强对现有的合格交割精炼商的高标准尽职调查外，LBMA 在审查合格交割精炼商对"负责任采购计划"的年度和持续遵守状况时，有两个主要工具。第一个工具是年度独立审计流程：每隔 12 个月，精炼商就需要接受一次独立的第三方审查，而违背LBMA"负责任采购计划"的精炼商将会从合格交割名单中除名，这可能会减少市场准入，对精炼厂的业务造成严重损害。鉴于合格交割名单覆盖了大部分市场，这种执行级别可确保所有精炼厂满足"负责任采购"的要求。

第二个工具是事件审查流程，事件审查流程也是伦敦金银市场协会衡量精炼厂是否遵守计划的依据。举报、媒体报道和非政府组织的研究都为 LBMA 提供了关于精炼厂或其供应商的宝贵情报。伦敦金银市场协会通过评估这些信息和证据，并根据需要进行进一步的查询，或在必要时启动正式的事件审查流程。

三、被当成反面典型的珀斯铸币厂和阿联酋

负责任黄金采购规则自推出以来，越来越多的尽职调查规则用于确认供应的合法性和道德标准。特别是 2017 年，美国一家大型精炼商被发现从南美走私进口了价值超过 20 亿美元的黄金，这一事件凸显了黄金合规采购的风险[140]。但是也有一些精炼商表示，伦敦金银市场协会的规定增加了合规成本和风险，而他们在制定规则方面没有足够的发言权。合规成本上升和竞争加剧，再加上精炼费用降低，使一些精炼厂近年来很难赚到钱。

推行标准并不容易，尤其是在就没有了"日不落帝国"的坚船利炮撑腰下，要重整一个每年进行上千吨黄金交易的"影子黄金市场"更需要谋略。自计划启动以来，已有多家精炼厂由于未能满足"负责任采购"要求而失去伦敦金银市场协会的认证。这对精炼商来说是被逐出主流市场的终极制裁。如果存在无法补救的违规，或者补救措施明显不足，LBMA 将对其实施这种制裁。

对一些小的精炼厂，伦敦金银市场协会选择杀无赦，而对有影响

力的精炼厂，伦敦金银市场协会选择的方式是杀鸡儆猴。目前被选中进行敲打的两只"鸡"分别是澳大利亚和阿联酋。

澳大利亚的珀斯铸币厂[141]自从1899年作为英国皇家铸币厂的分厂建立以来，在过去的一个多世纪里，以其稳定的生产和精湛的技术在贵金属领域中树立起良好的口碑。珀斯铸币厂也在努力维护这份业界口碑，为了对外展现能力，曾铸造出重达一吨的世界上最大、最重的金币。此外还与区块链公司合作推出黄金供应链区块链解决方案，以显示其立在新技术的潮头。

在成立之初，珀斯铸币厂主要精炼来自西澳大利亚金矿区的黄金并生产金币，而随着其精炼和生产能力的提高，其原料不仅局限于西澳，也有了其他来源，比如邻近生产黄金，但精炼能力不足的国家——巴布亚新几内亚。2021年，珀斯铸币厂就使用了一些从巴布亚新几内亚的小型金矿生产的黄金，那些小金矿被指在开采中使用童工，且生产中大量使用汞而对环境造成破坏，并危及整个社区的健康。由于对供应链管理不严格，违反了无冲突黄金标准，珀斯铸币厂成为被批评的对象。

虽然珀斯铸币厂称其所有的客户都已获得巴布亚新几内亚银行的批准并持有出口许可证，且从该国装运的所有货物都有尽职调查文件。但也有知情人士透露铸币厂从那些金矿进口的黄金原料价格较低。珀斯铸币厂在过去几年从巴布亚新几内亚有问题的金矿进口了多达8万盎司的黄金，市场价值超过2亿美元。在巴布亚新几内亚，小规模的金矿开采被指对偏远村庄产生了严重的负面影响。尤其在开采过程中使用汞对矿工的健康影响是可怕的，会导致神经系统损害。而且矿山附近的社区也受到水和土壤中汞的污染，以及在鱼类等食物中汞超标的影响。

伦敦金银市场协会规定精炼商必须遵守"负责任采购"的规定，每年接受经批准的服务提供商的审计，这样才能继续留在合格交付商名单中。珀斯铸币厂无疑承担不起被从合格交付商名单中除名的代价。由于违反了道德采购标准，在越来越大的压力下，珀斯造币厂宣布将停止对巴布亚新几内亚手工和小规模开采的金矿进行采购，并表示其有信心遵守道德规范并遵守监管要求和"负责任采购"规则。

珀斯铸币厂是伦敦金银市场协会用来给"负责任采购"的准则磨刀练习的一只"小怪"。对于精炼厂来说，只用合格金银交付商名单就足以被压制。在成功立威之后，伦敦金银市场协会又指向下一个目标。这次选择的敲打对象比起珀斯铸币厂来有所升级：主权国家阿联酋。

一提到阿联酋，大部分人的第一反应就是土豪形象。毕竟大把的石油美元，将这个沙漠中的国家打造成全球人均收入最高的地区之一。不差钱的阿联酋人对黄金有着一种特殊的偏爱。在帆船京瓷酒店和酋长宫这两家酒店大堂里摆放的金条自动贩售机，更是让人见识到土豪们买金条就像买瓶可乐一样任性。阿联酋的迪拜是中东地区的黄金交易中心，影响力辐射整个中东和北非地区。

作为中东地区黄金交易中心，迪拜黄金市场有充裕的流动性。阿联酋已成为全球增长最快的贵金属市场之一。迪拜海关的数据显示，黄金是阿联酋仅次于原油的第二大对外贸易商品，年出口额将近200亿美元。随着该国石油储量的下降，为实现经济多元化的愿景，黄金在阿联酋经济中发挥着愈发重要的作用。

富裕的阿联酋不差石油，也不差钱，这个只有800多万人口的小国拥有500多亿美元的外汇储备，甚至比挪威和瑞典这些传统北欧富国的外汇储备还多。但阿联酋差黄金，它本身没有任何金矿，必须进口黄金，才能满足国内需求。

迪拜的黄金大巴扎举世闻名，但在伦敦金银市场协会看来那里却依旧是一片"狂野西部"。迪拜市场上大量的黄金制品并不采用伦敦金标准，也不使用堂标体系，被视为合格交付商制度中醒目的空白。阿联酋因此被认为是"不负责任黄金"的走私中心——尽管黄金进出这个海湾国家都有完整的海关纪录。

这里的走私翻越的是黄金标准围墙。阿联酋每年从伦敦金银市场协会认可的精炼厂进出口价值数十亿美元的金条。数据显示来自阿联酋的回收黄金大幅增加。瑞士的精炼厂2018年从海湾国家进口了212吨黄金，这些黄金价值130亿美元。这些黄金最初来自哪里呢？有些没有达到"负责任采购"标准的黄金被指称正是通过阿联酋流入全球市场的。

正是由于黄金行业对阿联酋越来越重要，该国的黄金进口政策较为宽松。这固然扩大了黄金来源，但迪拜也因此被认为是"冲突金"洗白的"洗衣机"。伦敦金银市场协会对迪拜金脱离其制定的管辖一直耿耿于怀，借反洗钱和反金融支持恐怖组织之际，对其进行打击。作为伦敦金银市场协会的后台，英国财政部在2021年12月的一份报告中指出，阿联酋是一个容易受到犯罪网络洗钱影响的司法管辖区，因为黄金和现金可以很容易地通过该国进行转移。

政府间反洗钱金融行动特别工作组（FATF）也认为阿联酋在反洗钱工作方面存在漏洞，指称每年有价值高达数十亿美元的黄金被走私到迪拜，其中有相当部分的黄金是基本工作安全都难以保障的劳动者手工开采出来的。

据国际监察组织"哨兵"调查，非洲东部和中部开采的黄金中有95%通过迪拜，并进入国际市场，其中包括来自苏丹、南苏丹、中非共和国和刚果民主共和国开采的黄金。这些冲突金先是被走私到邻国，然后出口到迪拜。比如，黄金从刚果民主共和国的基伍地区先是非法出口到卢旺达、布隆迪和乌干达，然后再出口到迪拜。当地武装团体和犯罪网络从贸易中受益，冲突黄金为刚果民主共和国东部的武装团体提供了最大的收入来源。

此外，越来越多来自南美的黄金，也将迪拜作为"洗白"的中转站。"哨兵"组织认为，迪拜在购买黄金时没有进行太多尽职调查，而且政策和执法漏洞使该国对走私黄金具有吸引力，"一旦黄金进入迪拜，几乎就不可能确定其来源以及在什么情况下生产的。"

鉴于伦敦金银市场协会将阿联酋划为高风险司法管辖区，报告上报至合规小组。伦敦金银市场协会要求对精炼厂在 2018 年接收来自阿联酋的原材料交易进行特别审计，对阿联酋连续施加压力。2020 年 11 月，伦敦金银市场协会威胁迪拜称如果其不符合监管标准，则将其出口的金条列入黑名单，排除在全球精炼厂的采购和供应链之外。迪拜多种商品交易中心首席执行官艾哈迈德·本·苏莱耶姆先是批评了伦敦金银市场协会的威胁，将其比作"类似于酌情改变垄断规则的策略，目的是使其他参与者受其控制"，伦敦金银市场协会的做法是"通过猜测和双重标准来维持其控制权的威权主义行径"。

不过迫于伦敦金银市场协会的压力，迪拜还是选择了屈服——至少是表面上的屈服。迪拜宣布支持伦敦金银市场协会提出的倡议，采取相应行动加强对洗钱活动和黄金采购漏洞等问题的监管。阿联酋经济部长阿卜杜拉·本·图克·马里说："我们欢迎这一倡议。""这可以更好地了解和应对贵金属供应链中的潜在风险。"并保证阿联酋将"致力于引入最高的国际标准"，为黄金市场参与者制定"良好交割"标准。他还宣布将成立一个委员会来监督其国家反洗钱和反恐融资战略，称其为"国家至关重要的优先事项"[142]。

四、精炼中心会怎么改变

作为黄金市场的基石，合格金银交付商制度已存在了两个多世纪，不过新问题、新漏洞也在不断出现，需要制度性的补丁。

瑞士四家主要黄金精炼厂在 2020 年一度发现了至少价值 5000 万美元的"赝品金条"。这些金条虽说确实是符合交付标准的真金条，可上面打着的堂标和编号却是"套牌"，并非由这几家大型精炼厂出品。有些伪造身份的金条是在摩根大通银行金库中被发现的，由于摩根大通是全球最重要的黄金市场参与机构之一，这意味着已有不少"套牌金"悄悄流入了黄金市场。据估计全球黄金精炼厂每年会生产大约 200 万至 250 万块类似标准金条，很难精确统计各大金库中到底有多少黄金是暗度陈仓的"套牌金"。

"套牌金"李代桃僵、"空气金"一笔烂账、"冲突金"道德有亏……这些黄金产品的存在从不同的角度说明黄金供应链在严控精炼商进口管理上存在不小的问题。虽然理论上通过采用新的数字技术生成"数字身份证"能让"套牌金"无所遁形，"空气金"能够通过应急运输和异地交付来弥补，而"冲突金"则可以加强原材料溯源机制来解决。但这些解决方式从本质上说都只是对现有黄金供应机制的修补。在这个链条的另一端，顺藤摸瓜有不少问题都能牵扯到瑞士精炼厂。而瑞士在黄金产业链上的地位，远不是伦敦金银市场协会敲打过的澳大利亚或者迪拜能相比的。

在黄金业务中，瑞士人是主要参与者。按照瑞士人自己的统计，瑞士黄金年精炼量相当于全球黄金年产量的七成，全球排名前三的黄金精炼厂都位于瑞士南部的提契诺州。由于世界上的大多数黄金都要到瑞士走一遭，这是个每年价值高达 900 亿瑞郎（约合 6500 亿元人民币）的大生意。

瑞士的精炼厂被指和迪拜有着千丝万缕的联系，瑞士的四大精炼厂对从迪拜送来的，但溯源并不清晰的黄金也睁一只眼闭一只眼。华盛顿特区全球金融诚信（GFI）政策总监拉喀什米·库玛尔称，瑞士从迪拜获得大量黄金。瑞士可以说他们并不是从某些与冲突金有关的国家获得的黄金，而是从迪拜那里运来的，这样就规避了监管风险和道德风险。但是迪拜和瑞士是同谋，瑞士同样有问题。

合格交付商名单上的瑞士精炼厂瓦尔坎比与来自阿联酋的精炼厂卡洛蒂国际珠宝之间有千丝万缕的业务往来[143]。卡洛蒂被指控进口走私和含有冲突的黄金，并在南美苏里南经营"空气金"的精炼厂。那里实际上没有生产精炼黄金，但提供了伪造的购买证书，成为洗钱的工具。

按照伦敦金银市场协会的准则，产业上下游依赖第三方对精炼厂的审计，但问题在于该系统并没有真正发挥作用。大部分写在纸面上的规范都是靠自律的，没有多少约束力。这样导致的结果是冲突黄金很容易从卡洛蒂运到瓦尔坎比，而瓦尔坎比仍然获得了伦敦金银市场协会的认可。

审计成了供应链条上的重要环节，这涉及精炼厂向审计师支付所谓的独立审计费用的问题。全球四大会计师事务所之一的安永（EY）是卡洛蒂的审计机构。追溯至2012年的一宗案件中，安永审计师阿姆贾德·日汉透露卡洛蒂通过从摩洛哥进口带有银涂层的黄金，并处理苏丹和伊朗等被认为高风险国家的黄金，带来了十亿美元的交易。

为了补上审计短板，伦敦金银市场协会提到要加强审计师培训。该机构认识到，审计过程的有效性取决于审计师。这就是将获授权执行合格交割审计的审计实体列入伦敦金银市场协会认可服务提供商名单的原因所在。要获得认证，审计师必须完成申请，并提供其相关经验、技能以及公司质量控制和治理流程的详细信息。审计师还必须证明其符合"负责任采购"中第三方审计指南中载列的要求，这有助于确保只有熟悉贵金属供应链和"负责任采购"的重要性的审计师才有权根据该计划进行审计。每年都会对他们的认证和表现进行评审，以确保他们持续符合要求。

其实瑞士处理的黄金中，被打上问号的来源不只是阿联酋，还包括其他一些国家。瑞士黄金精炼公司美泰乐的主要黄金供应商也被曝光在秘鲁的非法矿井中采购黄金。秘鲁境内的亚马逊雨林，遭到诸多小规模、被俗称为"野猫"的金矿盗采者的肆意破坏。这家瑞士黄金精炼商随即采取强烈措施，停止从南美手工采矿者处进口任何黄金。

像美泰乐这样承认错误的精炼厂还是少数。瑞士的多家精炼厂都坚持称检查了所收黄金的来源，以确保原料出自尊重人权、重视工人健康、监管良好的金矿。但各非政府组织则抱怨说，法律往往形同虚设，是因为留出太大空间由该行业实行自我监管。瑞士政府缺乏针对炼金业的有力执法手段。瑞士联邦审计局在最近发表的一份报告中表示，对接受"脏金"的精炼厂仅处于最高 2000 瑞士法郎的罚款，这样的处罚很难有威慑力。

除此之外，瑞士海关的进口登记办法把运往银行的黄金和运送到炼金厂的黄金原料混为一谈，使得整体状况难以追踪。比如委内瑞拉出产的黄金经加勒比岛屿库拉索运送至瑞士炼金厂，这样的绕道便让人很难追踪黄金的来源。直到 2020 年瑞士政府才向世界海关组织提交了一项修正案，目的在于更好地实现黄金溯源。这项修正案呼吁对进口黄金进行区分，分为精炼黄金和未精炼黄金两大类。可随后受新冠疫情影响，黄金的运输发生了更复杂的变化。通常高价值货物通过商业航班而非货运航班进行运送，但常用的航线已经停飞后，一些拉美的黄金必须从利马先运送至美国佛罗里达，然后再运往中东的阿联酋，最后才到达苏黎世。错综复杂的供应链给不择手段的交易商提供了机会，把"脏金"与合法黄金混到一起运往瑞士。

瑞士的黄金精炼产业其实一直面临提高 ESG 标准的呼吁，但政府动力不足。在非政府组织与众多议员的压力下，瑞士联邦委员会于2018 年 11 月发表了一份关于《不购入违反人权情况下生产的黄金》的报告，该报告只提出了符合经合组织对黄金供应链人权指导细则等措施。

此外，瑞士在买卖黄金方面的规则比意大利和其他欧洲国家更为宽松，尤其是黄金饰品方面，不受瑞士联邦反洗钱法规的约束，因为该法规仅针对纯度达到 995 ‰的金条和金币交易。在这些交易中，1.5万瑞士法郎以下的交易可以匿名进行。在所有情况下，交易都可以用现金进行，没有设置额度上限。

关于黄金的大额交易监管要严格些。如果交易额达到 1.5 万至 10万瑞郎之间，则必须先确定客户身份并证明他们具备完成交易的财务实力。对于超过 10 万瑞郎的交易，客户除了需要证明身份，还必须披露其资金来源。但这些规则并不适用于已经使用过的贵金属，使用过的贵金属可以在不经任何审查的情况下进行买卖。虽然瑞士联邦政府在有关修改反洗钱法规的声明中提到了"需要消除差异"，明确了"洗钱的风险"，但是瑞士议会两院都否决了关于收紧反洗钱法规的提案。

瑞士政府和黄金行业都没有站在"负责任"的潮头。在黄金的产业链条中，瑞士扮演的角色太重要，不管哪一方都难以像对阿联酋施压那样改变瑞士。无论是伦敦金银市场协会还是世界黄金协会，都需要瑞士的精炼厂配合才能实现"负责任采购"和"负责任开采"。当然，瑞士的精炼产业如果在"负责任"的门槛上栽跟头的话，也有死于傲慢的可能。毕竟就像半个多世纪前英国的精炼业由于傲慢，让瑞士有机会上位一样。现在南非、印度和中国的精炼厂也都在跃跃欲试，等着竞争对手犯错误。

五、对道德溢价要听其言，更要观其行

在乱花渐欲迷人眼般的负责任报告中，充斥着各式各样的漂亮话。"吹尽狂沙始到金"，黄金是靠劳动一点点淘出来的，而不是靠吹牛吹出来的。黄金行业的责任感最终还要落实到行动和规范中，而不是停留在纸面上干巴巴的条款。

关于黄金企业社会责任的表述，不少内容都能从2011年公布的《联合国企业与人权指导原则》（UNGPs）[144]中找到。但有研究表明，在联合国的指导原则发布十年后，大多数大型矿业公司未能将对社区的承诺转化为行动计划。

总部位于瑞士的研究组织负责任采矿基金会[145]自2018年以来，每两年对30家大型矿业公司的政策和做法进行一次评估。评估的问题包括水体使用、当地居民权利、土地权利、迁移与安置、工人权利、安全和童工等59项指标。

根据基金会2022年报告中的负责任采矿指数（RMI）显示，不少领先的黄金矿业公司在社会责任相关事务方面的得分均不高。该组织表示，许多矿业公司倾向于将责任减少到非常有限的一系列问题上，错过了发挥作用来促进企业社会责任的机会，也缺乏应对特定风险的管理策略和行动计划。研究还指出，矿业公司在负责任的采购和签约方面的进展有限，尽管绝大多数公司都提到存在负责任的采购方法，但只有少数公司能证明他们已经建立了正式的系统来评估与供应商和承包商的相关的问题。

对大型的黄金生产商，在一定程度上可以通过商定的环境，为社会治理绩效目标提供贷款激励，或者对股价有提振作用。但这些正面激励不但与小生产者无关，对手工生产者的保护也迟迟难以到位。小生产者的安全条件有限，生产危险性大。这种性命攸关的事故在黄金矿业生产中时有发生，安全是企业社会责任的底线，也是不能有片刻忽视的目标。不能实现这一点，再天花乱坠的所谓责任感都只会成为笑柄。

在宽敞洁净的会议室中制定出的社会责任条款，散发出的光芒只能照耀到行业有限的范围中。要让更多的行业相关者切实感受到社会责任的沉甸甸的义务，以及相关权利带来的温暖，还需要切实的行动，把责任条款带出会议室，写进矿商中，写进精炼厂中，写进仓库中……

让黄金行业每个产业链条上潜移默化地自觉承担起社会责任，让行业中每个环节在承担责任的同时也能有获得感，这样的行动发出的声音要比书面责任规范嘹亮得多。

六、社会责任的三重负担

黄金行业在逐渐被套上 ESG 金镣铐，这一镣铐发挥着三重影响。

在最直接的层面上成为公司公关和粉饰品牌形象的口号，却往往名不副实。

2020 年欧盟消费者权益主管部门对包括服装、化妆品、家用设备等各个行业的在线绿色声明进行了一项调查。调查结果显示，42% 的被调查对象存在绿色声明夸大、虚假或具有欺骗性。欧盟委员会发表声明表示，随着消费者越来越多地寻求购买对环境无害的产品，"漂绿"现象日趋严重。

对调查结果存疑的 344 个案例进行深入分析发现，在 37% 的案例中，交易商的绿色声明包含模糊、笼统的陈述，如仅主观表达"有意识的""生态友好的""可持续的"，而缺乏足够的客观证实；在59%的案例中，交易商没有向消费者提供可便捷获取的支持其绿色声明的证据。

这种"漂绿"的形象也能直接转化为收益，金融机构开发出各种和 ESG 相关的产品，形成新的"绿色泡沫"。传统上监管机构更多关注的是"金色泡沫"，即潜在的金融风险，而现在"绿色泡沫"也在不断酝酿，二者的相似之处是，在泡沫破裂前都看上去有充分的正当性，而回头看才发现原来都是贪婪驱使下的假象。

ESG 相关基金、债券规模迅速扩张，价格稳定上升，可名不副实的情况已经引起监管机构的关注。在日本，由摩根史丹利主管、瑞穗金融集团出售的 1 万亿日元（约 90 亿美元）规模的全球 ESG 优质增长股票基金被认为没有为投资者提供在环境、社会影响方面足够的信息。日本金融厅正在研究新规则，以保护投资者免受可能出现的"漂绿"影响。在欧洲，证券和市场监管局也提出当前的 ESG 评级是"不受监督或无监督的"，并敦促欧盟行政部门对 ESG 评级做出通用定义，以使投资者不会被虚假标签误导。

在中观层面，行业协会制定规则是站在道德的制高点上进行指责，提高门槛和成本，排斥竞争，为后来的对手设置障碍。

无论是实体公司还是金融产品，ESG"挂羊头卖狗肉"的情况普遍存在。以 ESG 为出发点制定的行业标准看似高大上，事实上提高了行业成本，加大了行业准入的难度，背后充满了利益的纠葛。这种道义指标是昂贵的奢侈品，获益的是制定标准的公司和行会，付账的是消费者和后来的竞争者。

有些行业在一些国家已经存在了数百年甚至上千年，早就在当地形成了完整的产业链，与当地人的就业和生活密切相关。但就是由于和新近出现的 ESG 标准有不符之处，就要面临萧条的风险。

前面提到的阿联酋黄金中心的打造就面临大量合规障碍，问题是迪拜黄金市场里流动的黄金不是金子吗？在执行合规政策后，黄金又有什么变化呢？行业组织和精炼厂对此都心知肚明：在新标准下黄金没有任何变化，但成本增高了。受益的并不是一线从事手工开采的矿工，也不是迪拜市场的摊主，而是既有的行业顶端的欧美大厂商。他们通过这番操作或拉高了竞争对手的成本，或进一步增加了自身的利润。

在深层面上，ESG 会成为划定市场范围，将中国排除到主流供应链之外，打造"软脱钩"的凶器。

之前美国曾通过巴黎统筹委员会这样的组织，对中国进行技术禁运——对芯片和光刻机"卡脖子"就与此有关。技术禁运旨在切断中国向产业链上游攀升的通道，但随着中国自主研发能力的提升，技术禁运起到的作用在逐渐减弱，中国对原有国际分工上游的威胁越来越大。在这种情况下，限制中国在国际分工中的影响力成为主导国家的当务之急。

事实上国际经贸规则是实行双轨制的，一方面是国与国之间的全球经济宏观框架，包括国际货币基金组织、世界银行和世贸组织等，以及区域性的自贸区；另一方面则是垂直型的跨国行业组织，以跨国公司为依托，制定国际通行的各种产品标准、环保标准等。

美国在推动与中国经济"硬脱钩"，为达到这一目的，不惜发动贸易战和建立关税壁垒，这是在第一个轨道上的行为。但事实证明，通过 40 多年的快速发展，尤其是世纪之交中国加入世贸组织后，迅速融入规则、顺应规则，中国已经将"世界工厂"的影响力扩展到全球产业链的方方面面，美国"硬脱钩"的效果并不好。

"硬脱钩"不灵，那么通过行业组织的规范进行"软脱钩"成为美国新的选择。这样对美国的好处是能够更方便地团结欧洲等盟友，对中国精准设置障碍。由美欧主导的众多行业组织一直在推行各种行业的标准化与认证，看似与政治无关，也是自愿参与的，但事实上建起了一道道行业的"软幕"，而 ESG 也是"软幕"之一。

对于中国黄金相关厂商来说，要进入国际市场就必须获得这些行业组织的标准认证，这也是之前喊了几十年的"和国际接轨"的重要内容之一。接受那些规则是成为国际竞争参与者的基本前提。如果不接受这些组织的认证，就会在国际市场上四处无门，找不到渠道，举步维艰。

中国黄金行业一直在积极与世界接轨，但现在情况似乎有所变化。以前接上轨，意味着驶入发展的快车道，现在去接轨却变得更加复杂。发生变化的是中国，也是轨道本身。当中国崛起后已经开始冲击轨道铺设者的固有利益时，行业轨道就会进行升级改造，提出有利于自身而不利于中国的新内容。包括碳排放在内的环境标准、人权准则等，都是这个改变中的一部分，而这些新规则的出现，从时间线上看，也正是和近 20 年来的"中国冲击"是几乎同步的。

新的提高后的标准，会削弱中国低生产成本、高效管理等优势，而这些优势是中国企业在国际市场上开疆辟土的法宝。面对新的行业标准，中国企业面临的现实选择是：是否接受新标准？接受的话，怎么适应节奏，二次突围？不接受的话，怎么面对被排斥的风险？

对新标准，我们不能视而不见、不能对抗、不能一下就另立山头，这样会自行落到供应链之外。但也不能照单全收，而是应该根据本身的实际情况，拆解目标，分成长阶段来逐渐实现，并在实现目标的过程中，逐渐将目标向于我有利的方向修正。

在双轨制的第一个层面上，中国央行正在与欧盟合作，推动两个市场的绿色投资分类标准趋同。在第二个层面上，中国有被甩开的风险。2021 年初，万事达、软银、IBM 等 25 家全球领军企业呼吁成立"数据与技术论坛"，呼吁七国集团（G7）成立一个新机构，帮助协调成员国应对从人工智能到网络安全等问题。目前类似机制缺乏"中国声音"。

中国不但会接受 ESG，还会改造 ESG。ESG 是美好的，但不会脱离实际情况去追求当前发展阶段的目标，否则可能会掉入陷阱，或走上歧路。正如生存权和发展权是最基本的人权一样，高高在上的 ESG，也要首先保障行业人员的生存和发展，否则终究只是一个美丽的谎言。

附　录

黄金常用单位和简称

黄金两（小两）=31.25 克

司马两 =37.4 克

金衡盎司 =31.1 克

盎司 =28.3 克

AISC= 总维持成本

ASM= 手工和小规模开采

CCM= 通用控制标记

COMEX= 纽约商业交易所

ETF= 交易所交易基金

ESG= 环境、社会和治理

FATF= 反洗钱金融行动特别工作组

LBMA= 伦敦金银市场协会

LME= 伦敦金属交易所

LSM= 大规模开采

RGMP= 负责任黄金开采原则

TCC= 平均现金总成本

WGC= 世界黄金协会

IMF= 国际货币基金组织

SWIFT= 国际资金清算系统

尾　注

1　截至 2024 年 11 月初，国际金价年内 39 次触及新高。

2　18 世纪一批法国启蒙思想家在编纂《百科全书》的过程中形成了"百科全书派"，
　他们以"理性"为旗帜，以无神论为武器，成为思想史上的一座丰碑。在那之后，
　从《不列颠百科全书》到"维基百科"，都有共同的渊薮。

3　2004 年 4 月 20 日在"百度指数"（https://index.baidu.com/）上以"黄金"为关键词，
　设定 10 年搜索范围。

4　杭州亚运会中国代表团以 201 金 111 银 71 铜的成绩位居所有代表团之首，所获
　金牌数也刷新了中国代表团亚运会最好成绩。

5　经历了 21 世纪之初开始的"超级牛市"后，黄金在 2013 年开始大面积调整，
　尤其是第二季度大幅下挫，一度跌幅超过两成。"中国大妈"在该阶段加入了
　抄底的队伍，一度让市场感到震惊。

6　本书除特别标注外，涉及价格都使用 LBMA（伦敦金银市场协会）定盘价，而
　非 COMEX（纽约商业交易所）定盘价。

7　In 1924, economist John Maynard Keynes described the gold standard as a barbarous
　relic, declaring both the usefulness and value of gold as obsolete.

8　为全面了解和掌握相关城市住宅销售价格的变动情况，满足国家宏观调控房
　地产市场需求，国家统计局编制并对外发布 70 个大中城市住宅销售价格指数

（HPI），HPI 通过指数的形式来反映房价在不同时期的涨跌幅度。

9　20 世纪 70 年代，在保加利亚的黑海海滨城市瓦尔纳的新石器至青铜时代的墓葬区中，在 294 座古墓里发掘出金器 3000 多件，包括纯金手链、项链、珠子和各种器皿，总重量达 6.5 公斤。有专家认为这批黄金饰品大约制作于 6500 多年前，如属实的话那就是迄今发掘出的最早的经过加工的黄金饰品，被称为"瓦尔纳黄金宝藏"。

10　李泽琨，早期金银器制作锤锻技术的实验考古研究 [J]. 大众考古，2021(10).

11　奥运会标准游泳池长度为 50 米，宽度为 25 米，水深至少 2.5 米，共设有 8 个泳道，每道宽度为 2.5 米。

12　国际货币基金组织每月公布各国黄金储备变动情况，数据截至 2024 年 7 月。

13　世界黄金协会会根据每年黄金产量和勘探量变化对这个金块大小进行微调。https://china.gold.org/goldhub/data/how-much-gold

14　1899 年至 1902 年英国同荷兰移民后代布尔人建立的德兰士瓦共和国和奥兰治自由邦为争夺南非领土和资源而进行的一场战争。战争持续了三年多，最终英国与布尔人签订和约战争结束。这场战争促使了南非联邦的形成。

15　《国务院关于大力组织群众生产黄金的指示》签发后，国家将砂金及矿金的收购价格从之前的每两（31.25 克）95 元提高至 130 元。这是新中国成立之后第一次提高黄金收购价格，提升了黄金生产积极性。但即使如此，当时的国内收购价仍远低于国际市场每盎司 35 美元的价格。

16　文中涉及中国黄金产量的数据来自中国黄金协会和中国黄金年鉴，涉及全球黄金产量数据来自世界黄金协会。

17　纳吉布·萨维里斯认为四分之一的财富应该以黄金形式储存。https://www.cnbc.com/2021/08/10/egypt-billionaire-naguib-sawiris-says-quarter-of-portfolio-should-be-gold.html

18　《福布斯》虚拟人物财富榜（The Forbes Fictional 15）是由《福布斯》杂志根据在游戏、电影等媒体中出现的虚拟人物的价值而评选出的人物，其人物财富会和当年全球经济相挂钩。入选排行榜的主要标准之一，就是这些角色需在现实世界中被人们所熟知，市场因素，特别是商品因素，也为排行榜的估价提供了参考。

19 2003 年、2004 年和 2009 年福布斯没有公布此类排行榜，2012 年上榜的是麦克老鸭的宿敌、同为苏格兰裔鸭子的南非钻石矿业巨头福林哈特·葛罗姆哥德（Flintheart Glomgold）。

20 现实中鸭子的寿命一般是 6 到 8 年，但在良好的饲养条件下，或者是一些特定的品种，鸭子能活超过 20 年。

21 美国橄榄球大联盟中旧金山的球队名为 49 人队，这是对城市历史的继承。

22 https://adb.anu.edu.au/biography/holtermann-bernhardt-otto-3787

23 麦克老鸭的经历综合自迪士尼多本有其露面的漫画，以及维基百科麦克老鸭的词条。

24 黄铁矿是地球上最常见的硫化物矿物之一，化学成分是二硫化亚铁，与黄金并无关系，但金黄色的外观像黄金一样具有闪亮的金属光泽。

25 旧金山和新金山都是十九世纪华工输出的地方，也是当时海外华人聚居的主要城市，华人常常将两者统称为两座金山。

26 奥雷利亚州（Auralia），拉丁语意思为"金的"。

27 阿帕奇人是北美洲西南部的一支美洲原住民，主要居住在现美国亚利桑那州、科罗拉多州、新墨西哥州以及现墨西哥境内奇瓦瓦州等地。阿帕奇人生活以狩猎和采集野生植物为主，部分依赖农业。几个世纪以来，阿帕奇部落与入侵的西班牙人、墨西哥人以及美国人进行持续的作战。阿帕奇人的反抗从 16 世纪一直持续到 20 世纪初。

28 从霍布斯开始，在政治学中就用传说中的独眼巨人来指代国家。而这个巨人最初无疑是喜爱黄金的，将这种金属作为法币发行的基础。

29 对北美顶级黄金矿业公司来说，总部选定南有内华达、北有多伦多。多伦多股市是全球最大的矿业公司上市地。

30 Solidcore Resources 前身为 Polymetal International，2024 年第一季度出售了在俄罗斯的运营资产，并在 6 月更名。

31 ASM mine production – bigger than we thought, https://www.gold.org/goldhub/gold-focus/2019/05/asm-mine-production-bigger-we-thought

32 https://www.lbma.org.uk/alchemist/issue-94/asm-sourcing

33 Mondy Never Sleep，2010 年二十世纪福克斯电影公司以此为题拍摄了一部以华尔街交易为主题的电影。

34 John Day 擅长使用统计方法研究经济史，他研究最多的主题是地中海地区的货币殖民主义。

35 两位学者在 1940 年在《美国经济评论》上发表论文《货币、价格、信贷和银行》。https://www.jstor.org/stable/1807097

36 B. R. Tomlinson, University of Strathclyde，The Economy of Modern India, 1860-1970

37 What Happened in the London Gold Market during the Gold Standard: 1925-1931 | Alchemist | LBMA，https://www.lbma.org.uk/alchemist/issue-93/what-happened-in-the-london-gold-market-during-the-gold-standard-1925-1931

38 杨小凯，民国经济史 [J]. 开放时代，2001(09): 61-68.

39 https://www.moneyweb.co.za/archive/how-one-man-took-chinas-gold/

40 当时黄金单位为小两。

41 1967 年 6 月，法国退出黄金总库，拒绝为美国的财政赤字融资。

42 Great Society，指的是 1964 年美国总统林登·约翰逊发表演说宣称："美国不仅有机会走向一个富裕和强大的社会，而且有机会走向一个伟大的社会。"并由此提出施政目标。约翰逊为实现这一目标，协同国会通过了包括"向贫困宣战""保障民权"及医疗卫生等方面的立法四百多项，将战后美国的社会改革推到了新的高峰。

43 The Prospect for Gold: The View to the Year 2000

44 The World Needs Better Economic BRICS，在 2021 年金砖概念提出 20 年时，奥尼尔再次发文认为，世界依然需要更好的金砖国家。

45 2023 年在南非举行的金砖国家峰会上，邀请沙特、伊朗、埃及、阿根廷、阿联酋和埃塞俄比亚，加入金砖大家庭。金砖五国变为十一国，后加入的国家暂不在当前黄金讨论范围内。

46 《007 之金手指》（Goldfinger）是 007 系列的第三部，是由盖伊·汉弥尔顿执导，肖恩·康纳利、霍纳尔·布莱克曼等主演的一部动作片，于 1964 年上映。

47　本书附录做了黄金常用单位的整理。

48　纽约商业交易所的交易主要涉及能源和稀有金属两大类产品，交易方式主要是期货和期权交易。纽约商业交易所于 2008 年被芝加哥商品交易所收购。

49　与黄金西流同步的是黄金市场的碎片化。黄金市场虽然本质上是全球性市场，交易在各时区都持续进行着。市场参与者的套利交易活动使得不同的当地价格实现融合，全球各大黄金交易中心也由此互通互联。然而各地区之间依然存在着重要差异，例如交易限制、税收差异和实施不同的金条标准，因此很难说拥有统一的黄金交易市场。

50　图坦卡蒙金面具铸造于公元前 1323 年，吕底亚克罗伊斯金币铸造于公元前 550 年左右。

51　2024 年第二季度全球黄金需求量 929 吨，其中金饰消费量为 390 吨，占比为 42%。

52　2020 年，受到疫情影响，当年全球金饰消费略低于 1400 吨，创下 1995 年有专项统计以来的最低点。

53　相关数据可见《全球黄金需求趋势（2023 年全年）》，https://china.gold.org/goldhub/research/gold-demand-trends/2024/01/31/18506

54　根据联合国的预测，2023 年 4 月印度将取代中国，成为世界上人口最多的国家。

55　印度的婚礼季通常是从 10 月至次年 2 月，从排灯节开始这段时间在印度文化中被视为吉祥时期。

56　对于堂标体系的建立，在第五章中会详细记述。

57　2023 年开始戴比尔斯集团的日子也不好过，毛坯钻石销售额呈现下滑之势。

58　美联储、英格兰银行、欧洲央行以及日本央行。

59　2023 年阿联酋人均黄金消费量为 5.07 克。

60　迪拜购物节（DSF）是在阿联酋迪拜举行的大型年度活动。这个年底的节日通常会持续一个月。在此期间，迪拜提供范围广泛的折扣、促销和娱乐活动。

61　大英博物馆藏有吕底亚克罗伊斯金币。

62　虽然河南博物院认为其藏品是"郢爰"金币，但其更接近可分割的方形金板。郢爰是战国时期楚国的黄金铸币，亦是我国最早使用的黄金货币。早在宋代李石《续博物志》和沈括《梦溪笔谈》中都曾有过记载。收藏于河南博物院的郢爱重 74 克，通体呈平板状，边缘有切割痕迹。正面略内凹，铃有"郢爱"二字阴文方印四枚整印，两枚半印。背面较平。

63 汉文帝时规定，每年八月在首都长安祭高祖庙献酎饮酎时，诸侯王和列侯都要按封国人口数献黄金助祭，每千口俸金四两，余数超过五百口的也是四两，由少府验收。酎金之制即由此产生。另外，在九真、交趾、日南等南方诸地有食邑者，以犀角、玳瑁、象牙、翡翠等代替黄金。诸侯献酎金时，皇帝亲临受金。所献黄金如份量或成色不足，王削县，侯免国。汉武帝刘彻即曾藉检查献酎金不足为名，削弱和打击诸侯王及列侯势力。

64 数据截至 2024 年 8 月。

65 数据截至 2024 年 6 月。

66 2023 年，全球黄金矿业的平均现金总成本（TCC）及总维持成本（AISC）再次攀升。现金总成本同比增长 7%，达到 960 美元 / 盎司，而总维持成本同比增长 6%，达到 1295 美元 / 盎司。

67 随着 2010 年开始的央行买金进程，这一比例还在缓慢提升中。

68 Guine，又称几尼，一种古代欧洲金币。1 磅黄金，能够铸造 44.5 畿尼的金币。在法定兑换下，1 畿尼能够兑换 21 先令。

69 2022 年 10 月，42 岁的里希·苏纳克正式就任英国首相，成为近 200 年来英国最年轻的首相。

70 1823 年，美国总统门罗向国会提出咨文，宣称："今后欧洲任何列强不得把美洲大陆已经独立自由的国家当作将来殖民的对象。"他又称，美国不干涉欧洲列强的内部事务，也不容许欧洲列强干预美洲的事务。这项咨文就是通常所说的"门罗宣言"。它包含的原则就是通常所说的"门罗主义"。

71 在很长一段时间里，做市商的数量被限定在五家，但名额却能在大型金融机构间转让。

72 最早由罗斯柴尔德银行召集会议，后召集方由五家定价行轮流担任。

73 以德银操纵市场暴露为标志，后续调查发现五家做市商都有类似的行径。

74 包括零售商沃尔玛、星巴克，都在尝试通过 AI 模型分析来"持续"调整定价。

75 目前人工智能定价的尝试还集中在企业内部，没有进入到行业领域。进入行业，意味着在顶层价格设计上又向前推进一步。

76 欧盟理事会于 2024 年 5 月正式批准《人工智能法案》。作为全球首部全面的人工智能法规，《人工智能法案》实施后将对全球人工智能产业链产生深远影响。

77 金本位制于 19 世纪中期开始盛行。在历史上，曾有过三种形式的金本位制：金币本位制、金块本位制、金汇兑本位制。其中金币本位制是最典型的形式。

78 1928 年胡佛担任美国总统时，美国正经历着前所未有的繁荣。胡佛当时的名言是他要让美国的家庭"家家锅里有鸡吃，车库里有汽车开"。但很快大萧条的来临，结束了"咆哮的 20 年代"。

79 《光荣与梦想》从 1932 年富兰克林·罗斯福总统上台前后一直写到 1972 年的水门事件，勾画了整整 40 年间的美国历史，涵盖这一时期美国政治、经济、文化和社会生活等方面的巨大变化。

80 6102 行政令影响了之后美国的每一个经济决策者，因为它相当于美国政府通过没收公民的黄金资产来明确其债券违约，并成为之后货币贬值的原因。

81 1933 年 10 月，罗斯福就表示"打算在合众国建立一个政府控制的黄金市场，为此……我授权复兴投资公司收购在合众国新采掘的黄金"。复兴金融公司于 10 月 29 日开始收购黄金。到《黄金储备法》通过时，美元贬值到最低点，相应的黄金价格上升到最高点。到 1934 年底，美国黄金储备高达 82.58 亿美元，比 1933 年的 40.36 亿美元翻了一番多。

82 无论美国还是苏联，法律上对个人非法持有黄金都规定了 10 年监禁。

83 国家贵金属和宝石管理中心（Gokhran）的起源可以追溯到彼得大帝时期。1719 年 12 月，彼得大帝签署了著名的《彼得法令》，认为需要集中俄国所有的贵金属和宝石资源，用来建设一个强大的帝国。

84 叶列娜·亚力山德罗夫娜·奥索金娜, 苏联的外宾商店 [M], 北京: 生活·读书·新知三联书店 , 2020.

85 1931 年苏联农业出现粮食减产。作为苏联最重要的产粮区，乌克兰在饥荒中受害最深。有研究者认为饥荒中死亡人数"保守估计"约有 500 万。

86 并非市两，而是黄金小两，每两折合 31.25 克。

87 https://www.chngc.net/common/pattern?search={%22year%22:1979,%22page

No%22:1}

88 刘山恩，破茧：解密中国黄金市场化历程 [M]，北京：中国财政经济出版社，2013.

89 熊猫金币正式名称为"中国熊猫金质纪念币"，在市场上也会被简称为"猫币"。熊猫金币由中国人民银行发行，均为中华人民共和国法定货币。

90 https://www.chngc.net/common/pattern-detail?patternId=33590

91 亨利二世（1133 年 3 月 5 日—1189 年 7 月 6 日）是金雀花王朝的首位英格兰国王。

92 亨利八世（1491 年 6 月 28 日—1547 年 1 月 28 日）是都铎王朝第二位英格兰国王。

93 查理一世（1600 年 11 月 19 日—1649 年 1 月 30 日），是英国历史上唯一被公开处死的国王、欧洲史上第一个被公开处死的君主。

94 伦敦金匠协会成立于 1339 年，在金融城中历史建筑 Goldsmiths Hall 里陈列着金匠对银行起源的贡献。

95 伦敦金融城里的金匠同业公会至今仍然存在，并被当作银行家协会的前身。

96 MRP: 2nd October 1667, Letter from John Portman to Sir GO, London – MarineLives http://www.marinelives.org/wiki/MRP:_2nd_October_1667,_Letter_from_John_Portman_to_Sir_GO,_London

97 2024 年 3 月开始，北京、杭州等地陆续传来"金店卷走消费者购买的黄金后跑路"的新闻，其中不乏一些知名品牌。

98 堂标体系的建立和金匠协会有关，都有超过 700 年历史。https://www.thegoldsmiths.co.uk/hallmarking

99 https://www.thegoldsmiths.co.uk/hallmarking

100 努钦访问诺克斯堡金库之前，除了诺克斯堡的守备人员，上次有人进入地堡进行肉眼确认黄金储备的存在，还要追溯到 1974 年美国国会代表团的访问；而上次有人清点确认地堡中储备黄金的总数，还是在 1953 年。

101 相关的反洗钱规则并不局限于贵金属领域，在《互联网金融从业机构反洗钱和反恐怖融资管理办法（试行）》中也有类似规定。

102 巴塞尔反洗钱指数衡量了 120 多个国家和地区的反洗钱工作，包括其法律制度、金融和公共部门的透明度以及腐败贿赂的易发性。

103 https://www.gold.org/goldhub/research/ups-and-downs-gold-recycling

104 在东京奥运会结束一年后，除翁巴达那吉外，还有多名运动员在社交媒体上发布了金牌掉皮的照片。

105 大部分奥运会的金牌使用银芯，但也有例外，比如北京奥运会使用"金镶玉"设计，巴黎奥运会使用了埃菲尔铁塔换下的钢铁。

106 https://gesi.org/

107 尾矿库是堆存矿石选别后排出尾矿或其他工业废渣的场所。尾矿库是每个矿山整治的重点，是一个具有高势能的人造泥石流危险源，存在溃坝危险，一旦失事容易造成重特大事故。

108 1989 年 3 月 22 日在瑞士巴塞尔联合国环境规划署召开了关于控制危险废物越境转移全球公约全权代表会议，通过了《控制危险废物越境转移及其处置巴塞尔公约》，该公约共有 29 条正文和 6 个附件，于 1992 年 5 月生效。危险废物的越境转移是指危险废物从一国管辖地区或通过第三国向另一国管辖地区转移。危险废物在国际间的转移，尤其是向发展中国家的转移，会对人类健康和环境造成严重的危害。

109 《疏堵结合 "电子垃圾之都" 转型跨越——广东汕头市贵屿镇 "散乱污" 综合整治实践 》。https://www.mee.gov.cn/xxgk2018/xxgk/xxgk15/201908/t20190828_730337.html

110 《中华人民共和国固体废物污染环境防治法》于 2020 年 4 月 29 日由第十三届全国人民代表大会常务委员会第十七次会议修订通过，自 2020 年 9 月 1 日起施行。https://www.gov.cn/zhengce/zhengceku/2020-11-27/content_5565456.htm

111 詹姆斯·韦布太空望远镜的命名是纪念美国国家航天局的第二任局长詹姆斯·韦布（James Webb）在阿波罗计划中发挥的关键性领导作用。

112 黄金正常熔点为 1064℃，沸点为 2808℃，在正常大气压下不会与氧气发生反应，不会氧化变色。

113 金、银、铜都是优秀的导体，但金的稳定性远胜后两者。

114 根据澳大利亚新南威尔士大学科学家的一份研究论文，到 2027 年，太阳能制造商可能需要当前年度白银供应量的 20% 以上。 2050 年则将消耗掉目前全球约 85%-98% 的白银储备。

115 李珣大约生活于公元 9 世纪末到公元 10 世纪初，祖籍波斯，出生于四川，家族以经营香药为业。

116 伊本·西那又名阿维森纳，十一世纪的大医学家、诗人、哲学家、自然科学家，被称为世界医学之父。

117 罗伯特·科赫（1843 年—1910 年），德国医生和细菌学家，世界病原细菌学的奠基人和开拓者。

118 饮食的重建是考古学和人类学研究的焦点之一，而牙齿微磨损成为探究古代饮食的独特途径。

119 20 世纪中叶在美国和苏联都发生过这种情况，详情可见下一章。

120 《赠李白》是现存杜诗中最早的一首绝句，当作于唐玄宗天宝四年（745），当时李白和杜甫在鲁郡（今山东兖州）见面。

121 勾漏，山名，位于今广西壮族自治区北流东北，因其岩穴勾曲穿漏而得名。

122 出自《抱朴子·内篇·金丹》。

123 出自《史记·孝武本纪》。

124 《汉书·刘向传》："上（宣帝）复兴神仙方术之事，而淮南有枕中《鸿宝》《苑秘书》。书言神仙使鬼物为金之术，及邹衍重道延命方，世人莫见。"颜师古注："《鸿宝》《苑秘书》，并道术篇名。臧在枕中，言常存录之不漏泄也。"

125 官铸的金锭，以蝼顶金最上乘，重六两，上有蝼蛄洞穴一样的气孔，以及低四之形。金锭中央凹陷处，名叫"趾腹"，有些金锭的凹处呈紫色，这种金锭也叫紫胆。开元年间，有一种大唐金，也是官金。

126 四元素说是古希腊关于世界物质组成的学说。这四种元素是土、气、水、火。这种观点在相当长的一段时间内影响着人类科学的发展。

127 阿拉伯帝国的第二个世袭王朝，在中国史籍中被称为黑衣大食。750 年建立，定都巴格达，1258 年被蒙古所灭。

128 中世纪阿拉伯著名化学家、医生，也被译为查比尔·伊本·海扬。

129 罗马帝国皇帝戴克里先于 284 年至 305 年在位；约翰二十二世于 1316 年—

1334 年任教皇。

130　[美]托马斯·利文森，牛顿与伪币制造者[M]，北京：生活·读书·新知三联书店，2018.

131　杰弗雷·乔叟，诗人、哲学家、炼金术士、天文学家，被称为英国文学之父，是中世纪公认的最伟大的英国诗人。

132　黄儒经、吴晓兰，化学的里程碑[M]，北京：东方出版社，2008.

133　马里昂·金·赫伯特（1903 年—1989 年），他提出的 Hubbert Curve 是预测油田产量的钟形曲线，这条曲线在地下石油已知储量被开采一半时达到顶峰。

134　2017 年 4 月 26 日，比特币价格达到 1282.97 美元，当日一盎司黄金只有 1264 美元，从那天开始比特币在价格上超越黄金。

135　比特币和黄金都对通胀敏感，但当世界经济面临螺旋式下跌时，黄金受欢迎程度上升。相比之下，比特币在更强劲的经济环境下表现更佳。

136　https://www.lbma.org.uk/about-us/about-the-lbma。对 LBMA 来说，建立新的"负责任"标准既是加强行业控制力度的需要，也是内部改革的动力。

137　https://china.gold.org/who-we-are

138　《负责任黄金开采原则》是一个框架，为消费者、投资者和下游黄金行业供应链明确了什么构成了负责任黄金开采。

139　https://www.lbma.org.uk/good-delivery/good-delivery-rules-and-governance

140　黄金做市商之一的加拿大丰业银行在南美洲的一家客户涉嫌走私黄金，遭到起诉，后退出黄金做市圈。

141　https://www.perthmint.com/

142　《会出现反抗 LBMA 的"迪拜金"吗？》https://finance.sina.com.cn/money/nmetal/hjzx/2021-07-05/doc-ikqciyzk3724102.shtml

143　调查网站全球鉴证（Global Witness）称，卡洛蒂从与冲突相关的高风险供应商苏丹中央银行采购黄金，而瑞士精炼商瓦尔坎比公司仍在 2018 和 2019 年间直接从卡洛蒂采购约 20 吨黄金。https://www.globalwitness.org/zh-cn/beneath-shine-tale-two-gold-refiners-zh-cn/

144　https://www.ohchr.org/zh/2021/06/10th-anniversary-un-guiding-principlesbusiness-and-human-rights

145 负责任采矿基金会每两年发布一份报告，评估全球各地的大型采矿企业在经济发展、商业行为、项目周期管理、社区福祉、工作条件和环境责任方面的政策和实践，报告中还纳入了性别和人权问题。https://www.responsiblemining foundation.org/